_________________________ 드림

주부9단의 청소 아이디어 230

주부9단의 청소 아이디어 230

초판 1쇄 인쇄 2015년 5월 15일
초판 1쇄 발행 2015년 5월 22일

지은이 부티크 사
감수 후루야 미유키, 야마노베 사와코
옮긴이 강미정

발행인 장상진
발행처 (주)경향비피
등록번호 제2012-000228호
등록일자 2012년 7월 2일

주소 서울시 영등포구 양평동 2가 37-1번지 동아프라임밸리 507-508호
전화 1644-5613 | **팩스** 02) 304-5613

ISBN 978-89-6952-077-7 14590
　　　　978-89-6952-079-1(SET)

· 값은 표지에 있습니다.
· 파본은 구입하신 서점에서 바꿔드립니다.

베이킹소다 활용법

주부9단의 청소 아이디어 230

부티크 사 지음
후루야 미유키, 야마노베 사와코 감수
강미정 옮김

경향BP

C o n t e n t s

주방 에코 청소

청소 아이콘

베이킹소다 가루

베이킹소다 페이스트

베이킹소다수

베이킹소다+뜨거운 물

구연산 가루

구연산수

구연산 팩

레몬

비누

산소계 표백제

식초

방향유

이 책에 나오는 단위 기준

베이킹소다
구연산
1큰술＝약 15g
1작은술＝약 5g
1컵＝약 200g

기타
1큰술＝약 15ml
1작은술＝약 5ml
1컵＝ 약 200ml

준비물

청소할 때 때를 닦기 위해 사용하는 재료와
도구를 아이콘과 이름으로 표시했습니다.

사용 빈도 ▶ 청소해야 하는 간격을 표시했습니다.

베이킹소다가 에코인 이유

우리 주변에서 흔하게 찾을 수 있는 베이킹소다는 청소, 빨래, 뷰티 케어 등 여러 상황에서 큰 역할을 해요. 자연 소재이기 때문에 환경과 사람에게 매우 친화적입니다.

베이킹소다 하나만 있으면 만능으로 활용

베이킹소다 하나로 주방 청소와 욕실 청소, 빨래 등 만능으로 사용할 수 있습니다. 지금까지 용도별로 샀던 세제를 대폭 줄일 수 있습니다.

가격이 싸기 때문에 경제적

베이킹소다는 동네 작은 슈퍼에서도 파는 주변에서 흔히 찾을 수 있는 재료입니다. 뷰티 케어에는 좀 더 가격이 비싼 식용을 사용하지만, 그래도 화장품에 비하면 아주 쌉니다!

지구에도 좋은 친환경 재료

베이킹소다는 자연 소재의 무기질이기 때문에 합성 세제보다도 자연 분해 속도가 느려서 환경에 주는 부정적인 영향은 적은 편입니다.

알레르기 체질에도 OK!

일반 세제나 화장품에는 바로 피부에 이상 증상이 생기는 민감한 사람도 천연 소재이기 때문에 부담이 없습니다.

애완동물과 아기가 있어도 안심!

아기와 애완동물은 뭐든지 바로 입에 넣거나 핥곤 합니다. 베이킹소다는 천연 소재이기 때문에 입에 넣어도 괜찮습니다. 꼼꼼히 청소해서 청결을 유지하세요.

베이킹소다는 다양한 곳에서 쓰인다!

베이킹소다의 다양한 활약상

가장 먼저 알아야 할 것으로 베이킹소다의 역할과 사용법을 소개합니다. 기본적인 것만 알면 남는 것은 실천뿐입니다. 바로 베이킹소다 생활을 시작하세요!

청소에서 베이킹소다의 작용 

1 연마 작용

수용성 결정으로 이루어진 베이킹소다는 물과 합쳐지면 입자의 각이 없어지면서 동그래져서 다른 것에 문질러도 표면에 흠집을 내지 않고 때만 깨끗하게 없앨 수 있습니다.

베이킹소다의 종류

본 명칭은 '중조' 또는 '탄산수소나트륨'이라고 합니다. 중조는 순도와 입자의 굵기에 따라서 '약용·식용·업용'으로 나넙니다. 청소와 미용, 요리 등 용도에 따라서 사용할 수 있습니다. 가정에서 미용, 요리 등에 사용하는 것이 우리가 흔히 '베이킹소다(식용)'라고 부르는 것입니다. 이 책에서는 편리상 용도별로 구분하지 않고 슈퍼마켓 등에서 쉽게 구할 수 있는 가정용 베이킹소다를 명칭으로 사용했습니다.

2 중화 작용

약알칼리성 베이킹소다는 기름때와 피지 등 산성 때를 중화하고 없애는 역할을 합니다. 또 친환경적이기 때문에 청소 뒤에 물로 씻어낼 수 있습니다.

4 발포 작용

베이킹소다는 악취 성분을 중화해서 없애는 역할을 합니다. 또 흡습성도 뛰어나기 때문에 방에 두면 악취 제거와 동시에 습기도 없애줍니다.

3 흡습·탈취 작용

베이킹소다는 악취 성분을 중화해서 없애는 역할을 합니다. 또 흡습성도 뛰어나기 때문에 방에 두면 악취 제거와 동시에 습기도 없애줍니다.

5 연수화 작용

베이킹소다는 수돗물 등 경수에 많이 포함된 칼슘, 마그네슘 등 미네랄 성분을 감싸서 청소에 알맞은 연수에 가깝게 만들어 주는 역할을 합니다.

미용에서 베이킹소다의 작용 

1 스크럽 작용

부드러운 결정으로 이루어진 베이킹소다는 물과 세안 폼 등과 섞어서 마사지하면 피부에 자극을 주지 않으면서 모공의 때를 깨끗하게 없애고 피부 톤을 맑게 해 줍니다.

2 중화 작용

베이킹소다의 중화 작용은 피지와 땀 등 산성 물질을 중화해서 없애 줍니다. 이것을 이용해서 피지 생성을 억제하고, 체취를 없앨 수 있습니다.

3 연수화 작용

베이킹소다의 연수화 작용은 수돗물을 피부에 좋은 연수에 가깝게 만듭니다. 이것을 세수할 때와 화장수로 사용하면 피부 자극을 줄일 수 있습니다.

주의

반드시 식용 베이킹소다를 사용하세요!

피부 관리용으로 사용하는 베이킹소다는 약용 또는 식용을 사용하세요. 입자가 작기 때문에 피부를 자극하지 않고 스크럽 효과를 발휘합니다. 또 자칫 실수하여 입으로 들어가도 식용 베이킹소다라면 안심해도 됩니다. 이것 하나로 청소, 요리, 피부 관리에도 대활약을 펼칩니다.

 베이킹소다 가루

베이킹소다를 직접 때가 탄 곳에 뿌리거나, 병에 넣거나, 냄새가 나는 장소에 두고 사용하는 가장 간단한 방법입니다.

만드는 법

① 후추통에 숟가락을 이용해서 베이킹소다 가루를 넣는다.

② 통의 80%만 넣고 뚜껑을 잘 닫는다.

③ 때가 탄 곳에 뿌려서 사용한다.

 베이킹소다 페이스트

베이킹소다를 섞은 물을 끓여서 사용합니다. 찌든 때를 없앨 때 가장 편리한 방법입니다.

만드는 법

① 베이킹소다 가루를 사용할 수 있는 작은 용기에 넣는다.

② 베이킹소다 가루와 물을 3 대 1 비율로 섞는다.

③ 페이스트 형태가 될 때까지 잘 섞는다.

 베이킹소다수

베이킹소다를 섞은 물을 분무기에 넣어 사용합니다. 다양한 용도의 때를 없앨 때와 옷 냄새 제거에 효과가 있습니다.

만드는 법

① 비커에 물 2 1/2컵, 베이킹소다 가루 2큰술을 넣는다.

② 숟가락으로 잘 저으면서 녹인다.

③ 빈 분무기에 붓고 뚜껑을 닫는다.

베이킹소다＋뜨거운 물

베이킹소다와 물을 섞어서 페이스트 상태로 만들고, 걸레와 솔에 묻혀서 사용합니다. 뜨거운 물에 녹이면 알칼리도※가 높아져서 찌든 때를 없애 줍니다.

만드는 법

① 냄비 등 때를 닦고 싶은 용기 속에 넣는다.

② 물 2컵에 베이킹소다 1작은술의 비율로 넣는다.

③ 불에 올려 끓인다.

※ '알칼리도'란 수질 측정에 이용되는 척도의 하나로, 알칼리도가 높을수록 때를 없애는 효과가 높아집니다.

베이킹소다 청소에 사용하는 도구

걸레 · 행주 · 천

용도에 따라서 구분해서 사용

물걸레와 마른 걸레 용도로 여러 개를 준비해 두면 편리합니다. 일반 청소용은 걸레, 주방 용품 청소용으로는 행주, 용기를 덮는 용도로는 천이라고 표현했습니다.

스펀지

뭐든지 문질러서 닦아 낼 수 있다 !

베이킹소다 청소의 필수 아이템입니다. 베이킹소다 가루를 뿌려서 닦으면 어떤 때라도 없앨 수 있습니다. 100쪽에서 소개하는 아크릴 수세미를 사용하면 더욱 쉽게 청소할 수 있습니다.

칫솔

구석구석 틈새를 닦는 데 유용한 아이템

창문 섀시와 타일 줄눈 등 좁은 틈새 부분의 때를 닦을 때 활약을 하는 아이템입니다. 낡은 칫솔을 버리지 말고 재사용하세요.

신문지

읽고 나서 버리지 말고 재사용 !

기름때를 닦을 때에 편리합니다. 바닥에 깔고 청소를 하면 먼지 등이 떨어져도 안심할 수 있습니다. 또 사용하고 난 베이킹소다 가루를 버릴 때도 사용할 수 있습니다.

대야 · 설거지통

청소용으로 하나 준비해 두면 좋다 !

베이킹소다 청소에서 자주 등장하는 통은 식기를 베이킹소다 가루를 녹인 뜨거운 물에 담그거나 옷을 담가 빨 때에 유용한 아이템입니다.

알루미늄 포일과 비닐 랩

찌든 때 청소에 필수품 !

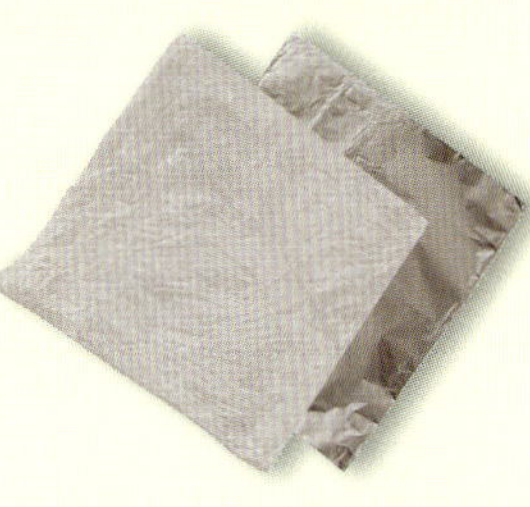

땟자국에 베이킹소다 페이스트 등을 흡수시킬 때 사용하는 랩은 찌든 때를 없앨 때 필수품입니다. 알루미늄 포일은 시간을 좀 두었다가 씻을 때 먼지가 들어가는 것을 막아 줍니다.

종이 타월 (키친타월)

곰팡이와 물때를 한 번에 없앤다 !

구연산 팩(12쪽 참조)의 재료로 꼭 필요한 것이 종이 타월입니다. 이 밖에도 물기를 없애거나 먼지를 닦을 때, 섬세한 곳을 청소할 때 큰 도움이 됩니다.

면봉

청소를 마무리할 때 큰 역할 !

칫솔로도 닦을 수 없는 세밀한 청소를 할 때는 면봉이 필요합니다. 젖은 면봉으로 청소를 마무리하면 어느 쪽에서 봐도 반짝반짝 윤이 나는 공간으로 정리됩니다.

베이킹소다의 효과를 증대시키는

구연산

구연산은 베이킹소다로는 없앨 수 없는 알칼리성 때에 효과가 있습니다.

❺가지 효과

1. 침투 · 박리 · 용해 작용
때에 침투해서, 분리시키거나 녹이거나 하는 역할을 합니다.

2. 중화 작용
물때 등 알칼리 성분의 때를 중화해서 없앱니다.

3. 항균 작용
미생물 번식의 억제 효과가 있습니다.

4. 탈취 작용
대표적인 악취인 화장실 냄새와 생선 비린내, 담뱃재 냄새는 구연산으로 중화해서 냄새를 없앨 수 있습니다.

5. 환원 작용
금속 녹을 방지하는 효과가 있습니다.

❸가지 사용법

1. 구연산 가루
구연산 가루를 빈 용기에 넣어서 보관해 두었다가 때가 탄 곳에 직접 뿌립니다.

2. 구연산수
물 1컵에 구연산 가루 2작은술 비율로 잘 섞어서 분무기에 넣어서 사용합니다.

3. 구연산 팩
종이 타월에 구연산수를 분무기로 뿌려서 때가 탄 곳에 붙여서 사용합니다.

방향유

방향유는 식물의 향과 성분을 응축시킨 것이기 때문에 몇 방울을 떨어뜨리기만 하면 그 효과가 발휘됩니다.

❷가지 효과

1. 항균 · 살균 · 소독 작용
대부분 방향유는 세균 번식을 막는 항균 작용과 살균 작용을 가지고 있습니다. 또 소독 작용도 하기 때문에 상처가 났을 때에도 도움이 됩니다.

2. 심신 안정 작용
방향유의 향기에는 몸과 마음을 안정시키는 효과가 있습니다. 라벤더와 장미 등의 향기를 비롯해 여러 가지 종류가 있습니다.

❷가지 사용법

1. 베이킹소다 가루에 넣는다
베이킹소다 가루 1/2컵에 방향유 2~3방울을 섞어서 사용합니다. 빈 병에 넣어서 통기성이 있는 천으로 덮은 뒤에 옷장 등 공기가 탁한 장소에 넣어 두세요.

2. 구연산수에 넣는다
구연산수에 방향유 2~3방울을 섞어서 사용합니다. 주로 실내 환기를 위해 넓은 공간에 뿌리거나 습기를 싫어하는 의류에도 사용합니다.

비누

천연 유지가 원료여서 환경에 친화적이고, 베이킹소다와 함께 사용하면 효과가 높아집니다. 청소에 사용할 때는 '비누 생지'를 선택하세요.

❷가지 효과

1. 세정 작용
때를 물에 녹이고 거품을 내서 씻어내는 효과가 있습니다. 환경에 나쁜 기름때도 거의 물에 가까운 상태로 만들어 주기 때문에 청소한 뒤에 그대로 배수구로 흘려보낼 수 있습니다.

2. 중화 작용
알칼리성 성질을 갖는 비누는 기름때 등 산성 때를 중화하고 닦아내는 효과가 있습니다. 베이킹소다와 함께 사용하면 더욱 세정력이 좋아집니다.

❷가지 사용법

1. 뜨거운 물로 녹여서 사용
고형 비누와 가루형 비누를 사용할 때는 비누 2큰술에 뜨거운 물 1컵의 비율로 섞어서 잘 녹여서 사용합니다. 고형 비누를 사용할 때는 강판으로 가루 상태로 만들어 두었다가 녹여서 사용하세요.

2. 액체 비누를 사용
물이나 뜨거운 물에 적신 스펀지에 액체 비누를 묻히고, 거품을 잘 내서 사용합니다. 베이킹소다 가루를 함께 쓰려면 이 위에 뿌려서 사용하세요.

보조 재료

베이킹소다 청소를 할 때 보조하는 여러 가지 세제와 청소 도구를 소개합니다 . 함께 사용하면 더욱 효과가 큽니다 ! 집 안이 온통 반짝반짝하게 윤이 날 거예요 .

산소계 표백제

베이킹소다만으로는 도저히 지워지지 않는 찌든 때도 원래 상태대로 하얗게 되살려 줍니다.

효과와 종류

효과 침투 · 분해 작용

산소계 표백제는 옷의 얼룩 등에 침투해서 색소를 별도의 물질로 분해하는 효과가 있습니다. 이것이 때의 색을 하얗게 보이게 만들어 줍니다.

종류 액체와 가루 타입

산소계 표백제에는 액체와 가루가 있습니다. 액체는 과산화수소를 물에 녹인 것이고, 가루는 과산화수소와 탄산소다로 만들어진 것입니다.

사용법과 주의

사용법 용액과 페이스트로 사용

물에 베이킹소다 가루와 산소계 표백제를 같은 분량으로 섞어서 용액을 만들거나, 산소계 표백제 1, 베이킹소다 가루 1, 글리세린 1/2 비율에 소량의 물을 섞어서 곰팡이 청소용 페이스트*로 사용하세요.

주의 염소계는 위험!

표백제에는 염소계와 산소계가 있습니다. 구연산 등 산성 물질이 섞이면 유독 가스를 발생하기 때문에 반드시 산소계를 사용하세요.

에탄올

살균 소독에 효과를 발휘하고, 옷의 땟자국을 없앨 때 사용합니다. 옷의 때를 지울 때 사용하면 효과를 발휘합니다.

효과와 종류

효과 살균 · 소독 작용

에탄올은 휘발성이 강하기 때문에 물에 약한 의류의 살균에 효과적입니다. 니트 등의 울 제품도 직접 분무기로 뿌리기만 하면 살균됩니다.

종류 소독용과 무수 타입

에탄올은 약국에서 시판되는 소독용 에탄올과 수분을 거의 없애 알코올 농도가 높은 무수 에탄올이 있습니다.

사용법과 주의

사용법 용액으로 사용

물 3/5컵에 베이킹소다 가루 1작은술과 무수 에탄올 2/5컵을 섞어서 분무기에 넣습니다. 이 용액을 걸레 등에 분무해서 때를 닦아냅니다.

주의 화제에 주의 !

목제와 피혁 제품에 사용하면 변색할 염려가 있습니다. 또 주방 주변 등 화기 근처에서는 사용하지 않도록 주의해 주세요.

탄산소다

알칼리도가 높기 때문에 베이킹소다로 없앨 수 없는 찌든 때에 효과적입니다.

효과와 종류

효과 중화 작용

탄산소다는 베이킹소다보다도 높은 알칼리성을 가지고 있습니다. 그렇기 때문에 찌든 때를 잘 중화해서 없애 줍니다.

종류 탄산회와 결정 타입

탄산소다는 수분을 전혀 포함하지 않는 하얀 가루의 소다회와 분자에 물이 결합한 백색 결정이 있습니다. 두 가지 다 물로 희석해서 사용합니다.

사용법과 주의

사용법 용액과 페이스트로 사용

물 1컵에 탄산소다 1/2작은술 비율로 섞어서 수용액으로 사용하는 외에 물 1에 탄산소다 1/2 비율로 섞어서 페이스트 상태로 만들어서 사용합니다.

주의 고무장갑을 준비!

탄산소다는 알칼리도가 높기 때문에 맨손으로 만지면 손이 거칠어질 가능성이 있습니다. 청소에 사용할 때는 반드시 고무장갑을 끼고 하세요.

베이킹소다 청소 지도

베이킹소다에는 여러 가지 사용법이 있습니다. 지도를 보면 일상생활의 환경을 기분 좋게 만들기 위해서 베이킹소다가 얼마나 중요한지 알 수 있습니다. 신경 쓰이는 포인트와 아직 청소하지 않고 있는 포인트에 시도해 보세요.

주방
Kitchen

매일 반짝반짝하게 관리하고 싶은 곳이 주방입니다. 베이킹 소다가 있으면 싱크대 때부터 끈적이는 구석까지 간단히 깨끗하게 없앨 수 있습니다.

▶P16~

피부 관리
Skin Care

여자들에게 피부와 머리카락 케어는 매우 중요합니다. 천연 소재의 베이킹소다라면 안심하고 쓸 수 있습니다. 꼭 한 번 시도해 보고 싶은 베이킹소다 사용법입니다.

▶P95~

욕실
Bathroom

욕조, 거울 등 찌든 때도 베이킹소다만 있으면 염려 없습니다. 매일의 피로와 함께 깨끗하게 씻어내세요.

▶P42~

세면실
Washroom

항상 눈에 거슬리는 거울에 서린 김과 얼룩은 베이킹소다를 사용하면 반짝반짝 윤이 납니다. 또한 수도꼭지의 물때와 세면대의 찌든 때에도 효과가 좋습니다.

▶P52~

세탁실
Laundry

세탁기 때뿐만 아니라 셔츠와 커튼에 밴 냄새와 얼룩도 베이킹소다만 있으면 간단히 해결됩니다.

▶P79~

거실
Living Room

가족이 모이는 거실은 때가 타기 쉬운 장소입니다. 카펫과 가구는 베이킹소다로 구석구석 청소하세요.

▶P58~

애완동물
Pet

집안일 중 항상 가장 뒤로 미루곤 하는 일이 애완동물 관리입니다. 소중한 가족 중 하나인 애완동물의 용품과 용변 용품은 항상 깨끗하게 관리하세요.

▶P88~

화장실
Toilet

화장실 청소 때문에 고민이라면 꼭 보세요. 변기 때와 퀴퀴한 냄새도 베이킹소다를 매일 잘만 사용하면 깨끗하게 유지할 수 있습니다.

▶P54~

현관
Entrance

현관 매트의 관리와 신발장, 신발 냄새까지 깨끗하고 청결하게 유지합니다. 베이킹소다가 있으면 기분 좋게 손님을 맞이할 수 있습니다.

▶P72~

취미
Hobby

정원과 자동차 관리 등 집 청소 이외의 영역에서도 베이킹소다는 큰 역할을 합니다. 놀라운 활용법도 소개하고 있으니 주목해 주세요.

▶P90~

주방 에코 청소
Kitchen

베이킹소다 가루와 베이킹소다 페이스트로 끈적끈적한 기름때와 타서 눌어붙은 때 등을 흠집 내지 말고 닦아 보세요. 매일 자주 사용하는 공간이기 때문에 베이킹소다의 효능을 최대로 활용해서 청결하게 해 두어야 합니다.

막힌 배수관 뚫기

배수관이 막혔을 때는 베이킹소다 가루와 뜨거운 물을 흘려 부어서 물이 잘 내려가도록 할 수 있습니다.

준비물
- 베이킹소다 가루: 1/2 컵
- 뜨거운 물: 2리터
- 랩
- 칫솔
- 스펀지

사용 빈도 그때그때

에코 포인트
랩으로 잘 싸 덮어 두면 때를 불릴 수 있습니다.

❶ 배수관에 베이킹소다 가루를 뿌린다.

❷ 뜨거운 물 1리터를 붓는다.

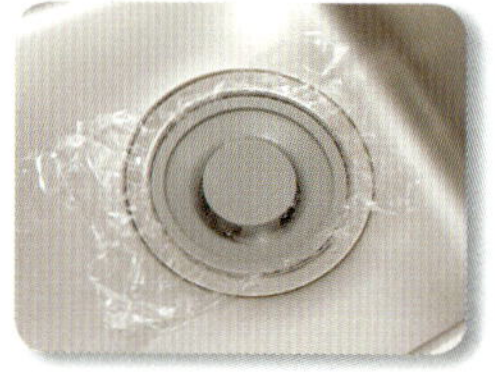

❸ 배수구를 랩으로 씌우고 뚜껑을 닫아서 하룻밤 놔둔다.

❹ 스펀지로 때를 문질러 닦는다.

❺ 칫솔로 하수구 등의 구석구석까지 문지른다.

❻ 뜨거운 물 1리터를 흘려서 씻어낸다.

심하게 막힌 배수관 뚫기

심하게 막힌 배수관을 뚫으려면 베이킹소다 가루와 뜨거운 식초 흘려 붓기를 몇 차례 반복하면 완벽하게 뚫립니다.

준비물
- 베이킹소다 가루: 적당량
- 식초: 1컵
- 뜨거운 물: 1리터

사용 빈도 1개월 간격

❶ 배수관에 베이킹소다 가루를 뿌린다.
❷ 전자레인지에서 데운 뜨거운 식초를 붓고, 약 10분간 기다린다.
❸ 뜨거운 물 1리터를 붓는다.

배수구의 끈적임·냄새 제거

끈적이는 감촉은 베이킹소다와 구연산 가루의 발포 작용을 이용해서 없앨 수 있습니다. 퀴퀴하고 기분 나쁜 냄새도 완전히 제거됩니다.

준비물
- 베이킹소다 가루: 1/2컵
- 구연산 가루: 1컵
- 뜨거운 물: 적당량

사용 빈도 2주일 간격

❶ 배수구에 베이킹소다 가루를 뿌린다.
❷ 구연산 가루를 뿌린 다음에 뜨거운 물을 부어서 거품이 나면 뚜껑을 덮는다.
❸ 약 1시간 동안 놔두었다가 뜨거운 물로 씻어낸다.

배수구 주변 때 닦기

악취의 원인이 되는 음식 찌꺼기와 끈적이는 때는 베이킹소다와 소금으로 완벽하게 제거하세요! 악취 제거 효과도 좋습니다.

준비물
- 베이킹소다 가루: 1/2컵
- 소금: 1/2컵
- 뜨거운 물: 2리터

사용 빈도 1주일 간격

❶ 배수구 주변에 베이킹소다 가루와 소금을 뿌린다.
❷ 배수구 주변에 뜨거운 물 1리터를 흘려 붓는다. 이 상태로 2시간에서 하룻밤 놔뒀다가, 뜨거운 물 1리터를 부어서 씻어낸다.

싱크대 때 닦기

싱크대에 낀 물때는 베이킹소다 가루와 구연산수를 사용해서 없앨 수 있습니다. 싱크대 주변은 항상 청결하게 유지해 주세요.

준비물
- 베이킹소다 가루: 적당량
- 구연산수: 적당량
- 행주

사용 빈도 - 3일 간격

1. 싱크대에 베이킹소다 가루를 뿌리고, 스펀지로 문지른다.
2. 구연산수를 분무기로 뿌린다.
3. 물로 씻어내고, 마른 걸레로 물기를 닦아낸다.

구석의 끈적임 제거

음식물 찌꺼기 때문에 생기는 끈적임과 곰팡이는 베이킹소다와 식초로 퇴치하세요. 마지막에 식촛물을 분무기로 뿌려서 항균을 하세요.

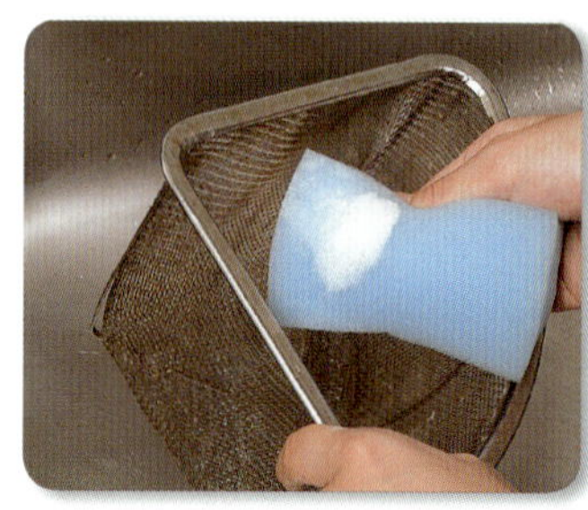

준비물
- 베이킹소다 가루: 적당량
- 식촛물: 적당량

사용 빈도 - 4~5일 간격

1. 젖은 스펀지에 베이킹소다 가루를 묻힌다.
2. 배수망의 때를 문질러 없애고, 물로 씻어낸다.
3. 전체적으로 식촛물을 분무기로 뿌린다. 때가 심한 경우에는 ❷~❸ 단계를 몇 차례 반복한다.

수도꼭지 물때 닦기

수도꼭지를 반짝반짝하게 해서 주방 전체를 밝게 합니다. 잘 닦이지 않는 물때는 구연산수로 팩을 해서 깨끗하게 닦을 수 있습니다.

준비물
- 베이킹소다 페이스트: 적당량
- 구연산 팩: 적당량
- 종이 타월
- 칫솔
- 행주

사용 빈도 - 1개월 간격

1. 수도꼭지를 종이 타월로 돌돌 말면서 싸고, 구연산을 분무기로 뿌려서 밀봉한다. 그대로 2~3시간을 놔둔다.
2. 종이 타월을 벗겨내고, 검은 때와 잘 지워지지 않는 기름때는 베이킹소다 페이스트를 묻힌 칫솔로 닦고, 물로 씻어낸다. 다시 마른 걸레로 물기를 닦는다.

싱크대 하단의 내부 냄새 없애기

퀴퀴한 냄새가 배기 쉬운 싱크대 하단은 베이킹소다로 탈취하세요. 사용 후에는 청소할 때 재사용하면 낭비하지 않아서 좋습니다.

준비물
- 베이킹소다 가루: 적당량
- 병: 입구가 넓은 것
- 통기가 잘되는 천
- 끈

사용 빈도 2~3개월 간격으로 교체

1. 입구가 넓은 병(잼 병, 젤리 컵 등)에 베이킹소다 가루를 넉넉히 넣고, 통기성 좋은 천(부직포도 가능)으로 덮어서 끈 등으로 묶는다.
2. 싱크대 하단의 가능한 한 깊은 곳에 둔다.

가스레인지 그레이트 때 닦기

가스레인지 주변의 때는 요리하면서 튄 기름과 음식의 산성 찌꺼기입니다. 베이킹소다의 효과가 잘 발휘되는 때이기 때문에 깨끗하게 닦입니다.

준비물
• 베이킹소다 가루: 적당량
• 스펀지
• 행주

사용 빈도 - 그때그때

❶ 때가 탄 곳에 베이킹소다 가루를 뿌리고, 젖은 스펀지로 문지른다.
❷ 물기를 꼭 짠 행주로 닦는다.

가스레인지 그레이트 찌든 때 닦기

끈적이는 때에는 베이킹소다 가루를 듬뿍 뿌리고, 점토 형태로 만들어서 신문지로 닦아냅니다. 찌든 때도 잘 지워집니다.

준비물
• 베이킹소다 가루: 적당량
• 신문지
• 행주

사용 빈도 - 2주일 간격

❶ 때가 탄 곳에 베이킹소다 가루를 듬뿍 뿌리고 때와 베이킹소다 가루를 섞어서 점토 상태로 만든다.
❷ 신문지를 적당한 크기로 접어서 점토 상태의 때를 닦아낸다.
❸ 물기를 꼭 짠 행주로 닦아낸다.

에코 포인트
끈적이는 때는 신문지와 우유 팩을 네모로 잘라서 닦아내고 그대로 쓰레기통에 버리세요. 스펀지나 행주를 더럽히지 않는 에코 청소를 할 수 있습니다!

가스레인지 받침대 닦기

가스레인지 받침대는 때가 잘 낍니다. 청소를 마무리할 때에 식촛물을 분무기로 뿌려서 때가 잘 달라붙지 않게 하세요. 청소 못지않게 예방도 중요합니다.

준비물
• 베이킹소다 가루: 적당량
• 주방용 세제: 적당량
• 식촛물: 적당량
• 스펀지

사용 빈도 - 1주일 간격

❶ 주방 세제를 묻힌 스펀지로 때를 문지르고, 베이킹소다를 뿌려서 10분 동안 그대로 놔둔다.
❷ 다시 스펀지로 때를 문지르고 물로 씻는다.
❸ 식촛물을 뿌린다.

환기 팬에 낀 때는 베이킹소다 페이스트로 청소!

평소에는 베이킹소다 가루를 묻혀서 문지르기만 하면 됩니다. 찌든 때는 베이킹소다 페이스트를 묻혀서 약 1시간 동안 놔두었다가 식촛물을 분무기로 뿌리고 나서 걸레로 물기를 닦아냅니다.

그릴 때 닦기

그릴에는 기름때와 퀴퀴한 냄새가 배어 있습니다. 베이킹소다를 사용하면 찌든 때뿐만 아니라 냄새도 없앨 수 있습니다. 청결하게 관리하세요.

준비물
- 베이킹소다 가루: 적당량
- 베이킹소다 페이스트: 적당량
- 주방용 세제: 적당량
- 스펀지 · 행주

사용 빈도 그때그때

① 생선을 굽는 그릴 전면에 베이킹소다 가루를 뿌리고 젖은 스펀지에 주방용 세제를 묻혀서 문질러 닦는다.
② 찌든 때에는 베이킹소다 페이스트를 묻혀서 10분 동안 놔두었다가 스펀지로 문지른다.
③ 물로 씻어내고, 마른 행주로 닦는다.

그릴의 오염 예방

그릴 바닥이 보이지 않을 정도로 베이킹소다를 깔아 두면 때가 끼지 않게 방지하고 탈취제 역할도 해서 일거양득입니다. 정기적으로 관리하세요.

준비물
- 베이킹소다 가루: 적당량

사용 빈도 그때그때

① 생선 굽는 그릴의 바닥에 베이킹소다 가루를 듬뿍 깐다.
② 생선을 구운 뒤에 기름은 닦아내고 베이킹소다 가루를 뿌린다. 베이킹소다 가루 전체가 검게 되면 교체한다.

전기레인지(인덕션) 때 닦기

전기레인지는 청소하기 편리합니다. 넘친 음식물과 기름에는 베이킹소다와 뜨거운 물을 섞어서 행주로 쓱쓱 닦으면 됩니다. 광택이 되살아납니다.

준비물
- 베이킹소다+뜨거운 물: 적당량
- 베이킹소다 페이스트: 적당량
- 구연산수: 적당량
- 행주
- 스펀지

사용 빈도 그때그때

① 베이킹소다를 탄 뜨거운 물을 행주에 적셔서 짠 뒤, 때를 닦는다.
② 닦기 어려운 때는 베이킹소다 페이스트를 묻힌 스펀지로 문질러 닦는다.
③ 구연산수를 분무기로 뿌리고, 물기를 꼭 짠 행주로 닦는다.

싱크대 청소는 습관적으로 하는 것이 좋다!

싱크대 내부 청소는 매일 해야 합니다. 설거지통에 물을 붓고 베이킹소다 가루를 미리 뿌려 두었다가 식사 후에 식기를 넣고 설거지를 마치고, 그 물을 싱크대에 흘려서 버리면 좋아요. 마지막으로 마른 행주로 물기를 닦는 것도 잊지 마세요.

싱크대 상판의 얼룩 제거

물때와 세제 찌꺼기 등 결정화된 때는 레몬과 식초로 녹여서 닦으세요. 베이킹소다와 효과가 합쳐져서 깨끗해집니다.

준비물
- 베이킹소다 가루: 적당량
- 레몬 즙: 적당량
- 스펀지
- 행주

사용 빈도 1개월 간격

❶ 때에 레몬즙을 뿌리고 30분 정도 놔둔다.
❷ 베이킹소다 가루를 뿌리고 젖은 스펀지로 문지른다.
❸ 물기를 꼭 짠 행주로 닦아낸다.

싱크대 상판의 잉크 자국 지우기

영수증 등의 잉크 자국에는 베이킹소다가 효과적입니다. 머스터드와 조미료 얼룩에도 베이킹소다 페이스트가 효과적입니다.

준비물
- 베이킹소다 페이스트: 적당량
- 스펀지
- 행주

사용 빈도 그때그때

❶ 얼룩에 베이킹소다 페이스트를 묻힌다.
❷ 10분 정도 놔두었다가(랩으로 덮으면 더 좋다) 젖은 스펀지로 얼룩을 문질러 닦는다.
❸ 행주로 닦아낸다.

싱크대 상판의 흠집 없애기

알게 모르게 생긴 싱크대 상판의 흠집은 베이킹소다 페이스트로 문질러서 반짝반짝하게 만드세요. 원래의 광택이 되살아납니다.

준비물
- 베이킹소다 페이스트: 적당량
- 스펀지
- 행주

사용 빈도 그때그때

❶ 싱크대 상판의 흠집에 베이킹소다 페이스트를 얹고, 젖은 스펀지로 부드럽게 문지른다.
❷ 행주로 닦아낸다.

달라붙은 찌든 때에는 식촛물과 베이킹소다를 함께 사용해서 때를 불린 뒤, 문질러 닦으면 됩니다. 간단히 없앨 수 있습니다.

준비물
- 베이킹소다 가루: 적당량
- 식촛물: 적당량
- 스펀지
- 행주

사용 빈도 - 그때그때

❶ 스펀지에 식촛물을 충분히 적신다.
❷ 스펀지에 베이킹소다 가루를 뿌리고 때를 부드럽게 문지른다.
❸ 물기를 꼭 짠 행주로 닦아낸다.

에코 포인트
에코 청소는 '천천히'가 기본입니다. 한 번에 반짝반짝해지는 효과를 기대하지 말고, 몇 차례 반복 청소하면서 깨끗해지는 것을 목표로 해야 합니다.

싱크대 선반도 베이킹소다로 깨끗하게 에코 청소

식기를 수납하는 선반도 청결하게 관리해야 합니다. 표면이 가공된 선반은 젖은 행주에 베이킹소다 가루를 묻혀 닦고, 마무리할 때에 물기를 닦아냅니다. 가공하지 않은 나무 선반에는 베이킹소다를 사용하면 검게 변하기 때문에 주의해야 합니다. 유리문에도 베이킹소다수를 분무기로 뿌리고, 행주로 닦아내어 마무리합니다.

냉장고 손때 제거

냉장고는 항상 손을 많이 타는 가전입니다. 대부분 유성 때이기 때문에 베이킹소다 가루로 문질러 없애세요. 끈적임이 없어집니다.

준비물
- 베이킹소다 가루: 적당량
- 스펀지
- 행주

사용 빈도 - 1개월 간격

❶ 젖은 스펀지에 베이킹소다 가루를 묻힌다.
❷ 때가 탄 부분에 ❶의 스펀지로 문지른다.
❸ 행주로 닦아낸다.

냉장고 속 냄새 없애기

음식물을 부패시키거나 먼지가 쌓여서 고민이라면 베이킹소다가 나설 때입니다. 안에 놓기만 해도 탈취됩니다.

준비물
- 베이킹소다 가루: 적당량
- 베이킹소다수: 적당량
- 뜨거운 물: 1리터
- 행주 • 빈 그릇

사용 빈도 - 그때그때

❶ 냉장고 안에 베이킹소다수를 분무기로 뿌리고, 마른 행주로 닦아낸다.
❷ 입구가 넓은 용기에 베이킹소다 가루를 1컵 정도 넣고 뚜껑을 연 채로 하룻밤 놔둔다.

에코 포인트
베이킹소다를 빈 병에 넣고 통기가 잘되는 천으로 덮으면 2~3개월 동안 사용할 수 있는 탈취제가 됩니다. 숯이나 커피 찌꺼기를 말린 것도 탈취 효과가 있습니다.

냉장고 속 때 닦기

음식을 보관하는 곳인 만큼 몸에 무해한 재료로 청소해야 합니다. 베이킹소다는 천연 소재이기 때문에 딱 적합합니다.

준비물
- 베이킹소다 가루: 적당량
- 행주

사용 빈도 ▶ 1개월 간격

❶ 행주에 물을 적셔서 물기를 꼭 짜고 베이킹소다 가루를 묻힌다.
❷ ❶의 행주로 때를 닦는다.
❸ 다시 빤 행주로 닦아낸다.

냉장고 속 찌든 때 닦기

냉장고 속에서 딱딱하게 말라붙은 때는 베이킹소다와 식초 팩으로 없애세요. 두 가지 효과가 합쳐져서 강력한 힘을 발휘합니다.

준비물
- 베이킹소다 가루: 1큰술
- 식초: 적당량
- 티슈
- 행주

사용 빈도 ▶ 그때그때

❶ 때가 탄 곳에 베이킹소다 가루를 뿌린다.
❷ 화장지에 식초를 적셔서 ❶ 위에 놓는다.
❸ 10분 정도 놔두었다가 때가 불으면 행주로 닦아낸다.

에코 포인트
냉장고는 계절마다 한 번씩 내용물을 모두 꺼내고 대청소를 해야 합니다. 사용 기한이 지난 것은 버리고 너무 꽉 채우지 않는 것이 절전에 도움이 됩니다.

냉장실
문 칸에 조미료 흐른 자국과 생채소의 냄새를 없애는 데에 베이킹소다 가루가 효과적입니다.

채소 칸
썩은 채소와 퀴퀴한 냄새에는 베이킹소다 가루를 깔아 두면 바로 해결됩니다!

냉동실
냉동 식재료를 보관할 때 사용한 플라스틱 용기는 베이킹소다수로 퀴퀴한 냄새를 없앨 수 있습니다.

통조림 식품과 식재료에서 나오는 수분 때문에 녹이 슬었을 때도 베이킹소다로 닦아서 없애면 냉장고 속을 깨끗하게 유지할 수 있습니다.

준비물
• 베이킹소다 페이스트: 적당량
• 행주

사용 빈도 그때그때

❶ 베이킹소다 페이스트를 녹슨 곳에 바른다.
❷ 물기를 꼭 짠 행주로 때를 문지르면서 닦아낸다.

눌어붙은 액체 양념 닦기

문의 칸에 때가 눌어붙는 원인 중 하나인 액체 양념 얼룩은 베이킹소다수를 뿌려서 행주로 닦아냅니다.

준비물
• 베이킹소다수: 적당량
• 물: 1리터
• 행주

사용 빈도 그때그때

❶ 베이킹소다수를 분문기로 뿌려서 액체 양념의 얼룩을 닦는다.
❷ 행주로 닦아낸다.

플라스틱 용기의 냄새 없애기

냄새가 쉽게 배는 플라스틱 용기는 베이킹소다수에 식초를 타서 하룻밤 동안 그대로 놔둡니다. 퀴퀴한 냄새가 싹 사라집니다!

준비물
• 베이킹소다 가루: 2큰술
• 식초: 2큰술
• 주방용 세제: 적당량
• 뜨거운 물: 500ml

사용 빈도 그때그때

❶ 플라스틱 용기에 베이킹소다 가루, 식초, 주방용 세제를 넣는다.
❷ 하룻밤 놔두었다가 물로 씻는다.

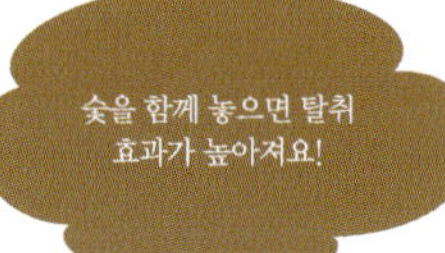

전자레인지의 찌든 때와 일상 관리

방치해서 달라붙은 얼룩과 사용한 직후의 얼룩은 청소 방법이 다릅니다. 상황에 맞는 청소 방법으로 냉장고 속을 청결하게 유지하세요.

전자레인지 속의 때 닦기

전자레인지 속은 항상 음식이 끓어 넘치거나 물방울이 맺히거나 기름이 튀거나 합니다. 지저분해지면 그때 바로 청소하는 습관을 들이세요. 구석구석 닦는 것이 중요합니다.

베이킹소다 가루

준비물
- 베이킹소다 가루: 적당량
- 행주

사용 빈도 지저분해졌을 때

❶ 물에 적힌 행주에 베이킹소다 가루를 묻혀서 전자레인지 속을 닦는다.
❷ 물기를 닦아서 마무리한다.

전자레인지 속의 찌든 때 닦기

말라붙은 찌든 때에는 베이킹소다수를 전자레인지에 넣고 돌려서 따뜻하게 증기로 채워서 닦습니다. 탈취도 확실히 됩니다.

베이킹소다 가루

준비물
- 베이킹소다 가루: 2큰술
- 물: 1컵
- 내열 용기
- 행주   • 종이 타월

사용 빈도 그때그때

❶ 베이킹소다 가루와 물을 내열 용기에 넣어서 잘 섞는다.
❷ ❶을 전자레인지에 넣어서 2분 정도 데워서 증기가 나오게 한다.
❸ 물기를 꼭 짠 행주로 전자레인지 속의 물기를 닦아낸다.

오븐과 전자레인지 문에 붙은 기름때는 시간이 지나면 지날수록 닦기 힘들어지기 때문에 바로바로 청소를 하세요.

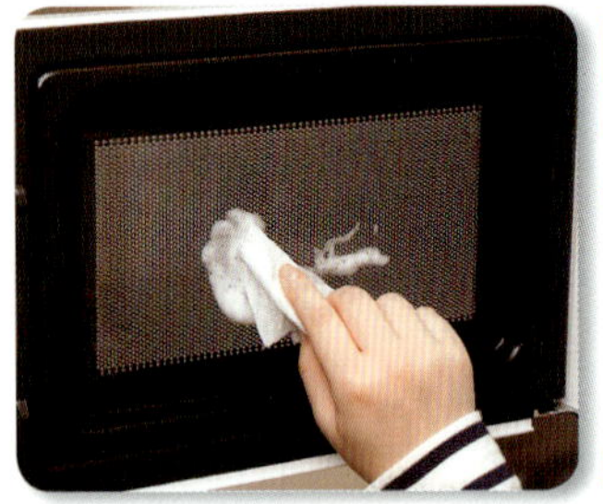

베이킹소다
페이스트

준비물
- 베이킹소다 페이스트: 적당량
- 종이 타월
- 행주

사용 빈도 — 그때그때

① 유리문에 베이킹소다 페이스트를 묻히고 잠시 둔다.
② 종이 타월로 때를 문질러 닦고 젖은 행주로 닦는다.

에코 포인트
찌든 때에는 베이킹소다 페이스트를 발라서 랩으로 팩을 합니다. 적은 분량의 베이킹소다로도 필요한 부분에서 확실히 효과를 발휘합니다.

전자레인지 속에 밴 음식 냄새 때문에 고민된다면 베이킹소다로 탈취하세요. 숯과 말린 커피 찌꺼기를 사용해도 좋습니다.

베이킹소다 가루

준비물
- 베이킹소다 가루: 1/2 컵
- 내열 용기

사용 빈도 — 1개월 간격

① 입구가 넓은 용기에 베이킹소다 가루를 넣어서 전자레인지 속에 넣고, 하룻밤 놔둔다.
② 전자레인지를 사용할 때는 꺼낸다.

구석구석 꼼꼼한 청소로 청결한 전자레인지 속!

전자레인지와 오븐은 꼼꼼하게 청소하는 것이 좋습니다. 사용 직후의 작은 수고가 중요합니다. 내부가 뜨거울 때 식촛물로 한 번 닦습니다. 식촛물은 베이킹소다처럼 젖은 행주로 닦아낼 필요가 없기 때문에 불린 때를 마른 걸레로 싹 닦아내면 끝납니다.

식초

준비물
- 식촛물: 적당량
- 행주

① 사용한 직후에 뜨거울 때 내부에 식촛물을 분무기로 뿌린다.
② 5분 동안 그대로 놔둔다.
③ 불린 때를 닦아낸다.

오븐토스터의 탄 자국 닦기

베이킹소다에는 연마 작용이 있습니다. 오븐의 탄 자국에 칫솔을 사용하면 구석구석까지 반짝반짝하게 깨끗해집니다.

준비물
- 베이킹소다 가루: 적당량
- 식초: 적당량
- 칫솔
- 행주

사용 빈도 - 1개월 간격

❶ 오븐 속에 있는 탄 찌꺼기를 긁어낸다.
❷ 굽는 망을 분리할 수 있을 때는 꺼내서, 젖은 칫솔에 베이킹소다 가루를 묻혀서 문지른다.
❸ 식촛물을 분무기로 뿌리고, 마른 걸레로 닦아낸다.

주의
알류미늄 소재의 트레이에 베이킹소다 사용은 피해 주세요

오븐 트레이 때 닦기

오븐 망과 트레이에 붙은 때가 심할 때는 큰 비닐봉지에 베이킹소다 가루를 함께 넣어서 흔듭니다. 그러고 나서 물로 닦으면 깨끗해집니다!

준비물
- 베이킹소다 가루: 적당량
- 비닐봉지: 큰 사이즈

사용 빈도 - 1개월 간격

❶ 더러워진 트레이를 비닐봉지에 넣는다.
❷ 구석구석 베이킹소다 가루를 뿌리고 입구를 확실히 묶어서 봉지를 위아래로 흔든다.
❸ 하룻밤 그대로 놔두었다가, 물로 씻어낸다.

흘러넘친 음식물 닦기

오븐과 전자레인지에서 제일 신경 쓰이는 것이 음식이 넘치는 것입니다. 말라붙기 전에 베이킹소다 가루로 해결하세요.

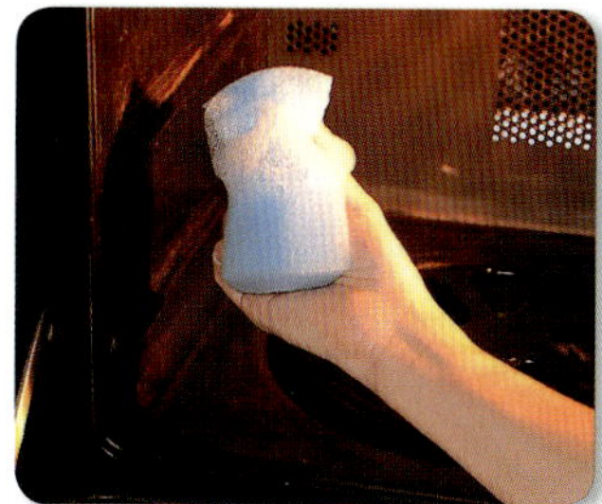

준비물
- 베이킹소다 가루: 적당량
- 중성 세제: 적당량
- 스펀지
- 행주

사용 빈도 - 그때그때

❶ 얼룩이 마르기 전에 베이킹소다 가루를 뿌리고 몇 분 동안 놔둔다.
❷ 젖은 스펀지에 중성 세제를 묻혀 거품 내서 문지른다.
❸ 행주로 깨끗하게 닦는다.

야외에서 유용한 바비큐 그릴의 때 닦기!

사용한 뒤에 철판은 베이킹소다 가루로 기름기를 흡수해서 닦아냅니다. 물이 부족한 야외에서는 매우 유용합니다.

준비물
- 베이킹소다 가루: 적당량
- 행주

사용 빈도 - 그때그때

❶ 철판을 사용한 뒤에 베이킹소다 가루를 전체적으로 뿌린다.
❷ 약 15분 동안 놔두었다가 베이킹소다 가루가 기름기를 흡수하면 행주로 닦는다.
❸ 남은 찌꺼기는 다음에 요리하기 전에 태워서 덜어낸다.

식기세척기를 매일 사용하다 보면 때가 탑니다. 베이킹소다 가루를 넣어서 '헹굼' 코스로 설정합니다.

준비물
• 베이킹소다 가루: 3큰술

❶ 세제 칸에 베이킹소다 가루를 넣는다.
❷ '헹굼' 코스로 설정한다.

> **주의**
> 베이킹소다 가루가 많다고 해서 그만큼 더 깨끗해지는 것은 아닙니다. 지나치게 많이 넣으면 고장의 원인이 되기 때문에 분량을 지켜서 청소하세요.

식기의 찌든 때 닦기

식기세척기로는 닦기 어려운 식기의 찌든 얼룩에는 식기세척기를 돌리기 전에 베이킹소다 가루를 뿌리세요.

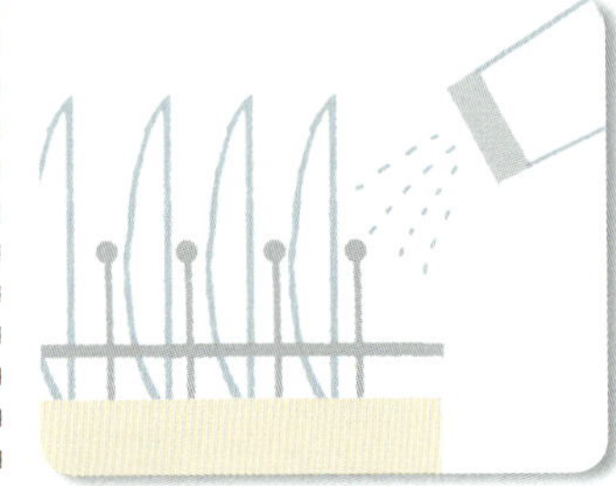

준비물
• 베이킹소다 가루: 적당량

❶ 베이킹소다 가루를 식기세척기 바닥에 깐다
❷ 식기류를 안에 잘 정리해 넣는다.
❸ 베이킹소다 가루를 식기에 듬뿍 뿌린다.
❹ 식기세척기를 돌린다.

오랫동안 사용하지 않을 때

여행 등으로 장시간 식기세척기를 사용하지 않을 때는 안에 베이킹소다 가루를 뿌려 두면 악취를 없앨 수 있습니다.

준비물
• 베이킹소다 가루: 적당량

❶ 식기세척기 속에 베이킹소다 가루를 뿌린다.
❷ 문을 조금 열어 둔다.

식기세척기 효율적 사용법 3가지

주방에서 매우 유용하게 사용되는 식기세척기! 평소 관리할 때 베이킹소다를 사용해서 오랫동안 사용하세요.

1. 애벌 세척은 베이킹소다수에 담가 두기
식기세척기로도 닦기 어려운 찌든 때는 고온에 굳어버린 단백질입니다. 베이킹소다수에 담갔다가 식기세척기를 돌리세요.

2. 필터는 꼼꼼히 청소
필터에 찌꺼기가 남아 있으면 식기세척기를 사용할 때마다 찌꺼기도 함께 배출됩니다. 베이킹소다수를 넣은 설거지통에서 흔들어 씻으세요.

3. 식기세척기의 세제는 베이킹소다와 식초
기름때가 적은 식기는 전용 세제 대신에 베이킹소다 가루 2큰술을 넣어서 씻으면 거의 깨끗해집니다. 냄새가 나는 식기는 전용 세제 대신에 식초 2큰술을 넣으면 냄새가 말끔히 없어집니다.

포트 내부 때 닦기

포트 속에는 물때와 미네랄의 흰 결정 찌꺼기가 보입니다. 베이킹소다수를 끓이면 때가 떠오릅니다.

준비물
- 베이킹소다 가루: 2큰술
- 물: 1리터(포트 용량에 따라 분량 조절)
- 스펀지

사용 빈도 2~3주 간격

❶ 포트에 물을 넣어 베이킹소다 가루를 녹여서 끓인다.
❷ 떠오른 때를 스펀지로 문지르고 물로 씻는다.

커피 필터 홀더 때 닦기

찌꺼기가 많은 커피 필터 홀더에는 쉽게 때가 낍니다. 베이킹소다와 칫솔로 말라붙은 때를 깨끗하게 닦아내세요.

준비물
- 베이킹소다 가루: 적당량
- 칫솔

사용 빈도 1주일 간격

❶ 필터 홀더의 안쪽을 물로 적시고, 베이킹소다 가루를 뿌린다.
❷ 약 5분 동안 놔두었다가 칫솔로 때를 문질러 닦고, 물로 씻어낸다.

커피메이커 닦기

항상 커피를 맛있게 마실 수 있도록 보이지 않는 부분의 때를 베이킹소다로 닦으세요. 정기적인 청소가 필요합니다.

준비물
- 베이킹소다 가루; 1/4컵
- 미지근한 물: 1리터
- 물: 적당량

사용 빈도 1개월 간격

❶ 미지근한 물에 베이킹소다 가루를 녹여서 커피메이커에 넣고 가동한다.
❷ 베이킹소다수를 버리고 이번에는 물만 넣어서 돌린다.

가전 표면 닦기

여러 사람이 손으로 만지곤 하는 조리 가전은 기름때와 먼지로 더러워져 있습니다. 베이킹소다를 사용하면 간단히 깨끗해집니다. 끈적이는 느낌도 없어집니다.

준비물
- 베이킹소다 가루: 적당량
- 베이킹소다수: 적당량
- 행주

사용 빈도 1주일 간격

❶ 전기 포트의 표면에 베이킹소다수를 분무기로 뿌린다.
❷ 물기를 꼭 짠 행주에 베이킹소다 가루를 묻혀서 닦는다.
❸ 젖은 행주로 닦아낸다.

에코 포인트
전기밥통, 포트, 전자레인지 등 주방에 있는 가전은 식사와 직결되기 때문에 항상 청결을 유지해야 합니다. 베이킹소다라면 만약에 입으로 들어가도 안심해도 됩니다!

믹서 닦기

믹서와 커터기 등은 칼날 틈새 등의 때를 닦기가 어렵습니다. 사용 후에 베이킹소다 가루를 넣고 가동시켜서 때를 없애면 됩니다.

준비물
- 베이킹소다 가루: 1큰술
- 물: 2/3컵

사용 빈도 ▶ 그때그때

❶ 믹서(또는 커터기)에 물과 베이킹소다 가루를 넣고 2~3분 동안 가동시킨다.
❷ 속에 있는 물을 버리고, 그냥 물을 다시 붓고 1분 동안 가동시키고, 물을 버리고 잘 헹군다.

주전자 표면 닦기

표면에 눌어붙은 자국은 베이킹소다 페이스트로 해결하세요. 안쪽의 물때는 구연산수를 넣어서 끓여서 하룻밤 그대로 놔뒀다가 헹굽니다.

준비물
- 베이킹소다 페이스트: 적당량
- 스펀지
- 행주

사용 빈도 ▶ 더러워졌을 때

❶ 눌어붙은 자국에 베이킹소다 페이스트를 묻힌다.
❷ 젖은 스펀지로 문지른다.
❸ 물로 씻어내고 마른 걸레로 닦는다.

프라이팬 기름때 닦기

프라이팬의 기름때를 없애려면 조리한 후에 바로 베이킹소다 가루와 물을 넣고 불에 올립니다. 식사를 하는 사이에 베이킹소다 가루가 때를 분해해 줍니다.

준비물
- 베이킹소다 가루: 적당량
- 물: 적당량
- 스펀지

사용 빈도 ▶ 그때그때

❶ 조리한 후에 바로 프라이팬에 물을 붓는다.
❷ 베이킹소다 가루를 뿌려서 불을 켜고 끓어오르기 직전까지만 끓인다.
❸ 식을 때까지 놔두었다가 스펀지로 닦는다.

조리 기구를 계속해서 깨끗하게 사용하고 싶을 때

이 책에서도 소개하고 있는 베이킹소다수를 데워서 때를 닦는 설거지법은 여러 가지 냄비와 프라이팬 등에 사용할 수 있습니다. 사용한 직후에 베이킹소다 가루와 물을 불에 올리는 것을 습관화하면 조리 기구의 수명도 늘릴 수 있습니다.

냄비 바닥의 기름때 닦기

찌든 때가 달라붙은 냄비 바닥은 베이킹소다와 식초의 효과가 합쳐져 매끄럽게 때를 닦아낼 수 있습니다.

준비물
- 베이킹소다 가루: 1/2 컵
- 식초: 1/2컵

사용 빈도 더러워졌을 때

❶ 냄비에 베이킹소다 가루를 넣는다.
❷ 식초를 더해서 거품이 일어나게 한다.
❸ 여러 시간 동안 놔두었다가 씻어낸다.

냄비의 찌든 때 닦기

베이킹소다수에 레몬 조각을 넣고 끓이면, 시간이 없을 때에도 좀 더 빨리 깨끗하게 닦을 수 있습니다.

준비물
- 베이킹소다 가루: 적당량
- 물: 적당량
- 레몬: 1조각
- 스펀지

사용 빈도 더러워졌을 때

❶ 냄비의 중간 정도까지 물을 넣는다.
❷ 베이킹소다 가루와 레몬 조각을 넣는다.
❸ 약불로 끓여서 불을 끄고, 여러 시간 동안 놔두었다가 스펀지로 닦고 물로 씻어낸다.

구리냄비 때 닦기

검은 때가 낀 구리냄비는 베이킹소다 가루로 때를 불려서 레몬으로 직접 문지릅니다. 요리에 사용하고 난 레몬이라도 괜찮습니다.

준비물
- 베이킹소다 가루: 적당량
- 레몬: 적당량

사용 빈도 더러워졌을 때

❶ 구리냄비의 얼룩 부분에 베이킹소다 가루를 뿌린다.
❷ 약 20분 동안 그대로 놔둔다.
❸ 얼룩 부분을 레몬으로 문지른다.
❹ 물로 헹구고 말린다.

알루미늄 냄비에는 베이킹소다가 독!

뚝배기(질그릇) 외에 쇠, 구리, 법랑, 내열 유리, 불소 가공된 냄비도 베이킹소다 가루로 씻을 수 있습니다. 그러나 알루미늄 소재의 냄비에는 사용할 수 없습니다. 베이킹소다 가루를 사용하면 검게 변하기 때문입니다. 알루미늄 냄비는 베이킹소다 가루 대신에 구연산 가루를 사용하면 깨끗해집니다.

냄비 속의 탄 자국 닦기

잘 닦이지 않는 냄비 안쪽의 눌어붙은 자국에는 베이킹소다 가루와 구연산 가루를 합쳐서 끓이면 때가 떠오르고, 매끄러워집니다.

준비물
• 베이킹소다 가루: 2큰술
• 구연산 가루: 2큰술
• 스펀지

사용 빈도 그때그때

❶ 냄비에 눌어붙은 찌꺼기가 덮일 정도로 물을 붓고, 베이킹소다 가루와 구연산 가루를 넣어서 끓인다.
❷ 불을 끄고 하룻밤 동안 놔두었다가 스펀지로 문지르고, 물로 씻어낸다.

냄비 표면의 탄 자국 닦기

불에 올렸을 때 생긴 냄비 표면의 눌은 자국은 베이킹소다 가루와 구연산수로 팩을 해서 때를 불린 뒤에 닦아내세요.

준비물
• 베이킹소다 가루: 1/2컵
• 구연산수: 1/2컵
• 랩
• 스펀지

사용 빈도 탄 자국이 있을 때

❶ 눌어붙은 자국이 있는 곳에 베이킹소다 가루와 구연산수를 묻히고, 랩으로 3~4시간 동안 팩을 한다.
❷ 스펀지로 문지르고 물로 씻어낸다.

뚝배기의 탄 자국 닦기

뚝배기의 눌어붙은 자국도 베이킹소다 가루로 녹일 수 있습니다. 중성 세제로 씻으면 세제 성분이 뚝배기에 스며들 염려가 있지만, 천연 소재의 베이킹소다는 안심해도 괜찮습니다.

준비물
• 베이킹소다 가루: 적당량
• 스펀지

사용 빈도 그때그때

❶ 눌어붙은 부분에 베이킹소다 가루를 뿌린다.
❷ 젖은 스펀지로 문지른다.
❸ 물로 씻어내고 잘 말린다.

냄비에 눌어붙은 때는 하룻밤 놔둔다!

시간이 지나 닦기 어려울 때는 눌은 자국이 잠길 정도로 물을 붓고, 베이킹소다 가루와 식초를 넣어서 한 번 끓입니다. 하룻밤 동안 놔두어서 때가 떠오르게 합니다.

눌은 자국이 잠길 정도의 물과 베이킹소다 2큰술, 식초 2큰술을 넣고 끓인다.

하룻밤 동안 놔두었다가 스펀지로 문질러 닦아낸다.

도마 때 닦기

칼질을 해서 흠집이 난 도마 표면에는 잡균이 많이 생깁니다. 베이킹소다 가루와 끓인 물로 깊숙한 곳까지 깨끗하게 하세요.

베이킹소다 가루

준비물
- 베이킹소다 가루: 적당량
- 끓인 물: 적당량
- 스펀지

사용 빈도 ▶ 1주일 간격

❶ 도마의 때를 가볍게 닦고, 베이킹소다 가루를 뿌린다.
❷ 여러 차례 반복해서 도마에 끓인 물을 끼얹어 소독을 한다.
❸ 스펀지로 문지르고 물로 씻어낸다.

도마 냄새 없애기

냄새가 강한 식재료를 사용한 뒤의 도마는 바로 베이킹소다 페이스트로 탈취해서 청결을 유지하세요.

베이킹소다 페이스트

준비물
- 베이킹소다 페이스트: 적당량
- 행주

사용 빈도 ▶ 1주일 간격

❶ 도마의 사용한 면에 베이킹소다 페이스트를 묻힌다.
❷ 약 10분 동안 놔둔다.
❸ 잘 헹궈서 물기가 없는 곳에서 건조시킨다.

소쿠리 · 채반 닦기

식재료의 찌꺼기가 끼기 쉬운 채반은 베이킹소다수에 담가서 때가 닦이기 쉽게 만듭니다. 씻을 때는 부드럽게 취급하는 게 포인트입니다.

베이킹소다 가루

준비물
- 베이킹소다 가루: 4큰술
- 중성 세제: 적당량
- 설거지통

사용 빈도 ▶ 그때그때

❶ 미지근한 물을 부은 설거지통에 베이킹소다 가루와 중성 세제를 넣고 채반을 엎은 상태로 몇 분 동안 담가 둔다.
❷ 물속에서 흔들어 씻고, 물로 씻어낸다.

도마 잡균을 뿌리부터 없앤다!

도마 표면의 흠집에 달라붙은 찌든 때와 세균에는 베이킹소다 가루와 식초의 효과가 합쳐져서 잡균을 뿌리까지 없앨 수 있습니다.

베이킹소다 가루　식초

준비물
- 베이킹소다 가루: 적당량
- 식초: 적당량
- 끓인 물: 적당량
- 스펀지
- 행주

❶ 도마에 베이킹소다 가루를 뿌린다.
❷ 그 위에 식초를 듬뿍 뿌린다.
❸ 거품이 일어나면 끓인 물을 끼얹고, 스펀지로 씻어낸다.
❹ 행주로 물기를 닦아내고, 햇볕이 드는 곳에서 말린다.

녹슨 식칼 닦기

고기와 생선의 기름과 채소의 수분 때문에 녹슨 식칼은 베이킹소다 가루로 닦습니다. 씻은 뒤에 는 잘 말리세요.

준비물
- 베이킹소다 가루: 적 당량
- 구연산수: 적당량
- 스펀지
- 행주

사용 빈도 녹슨 것이 보일 때

① 베이킹소다 가루를 묻힌 스펀지로 식칼을 문지른다.
② 물로 씻어내고, 구연산수를 분무기로 뿌린다.
③ 식칼을 행주 위에 올리고, 잘 말린다.

깡통따개 닦기

통조림의 국물이 묻어서 녹슬기 쉬운 깡통따개 는 베이킹소다수에 담가서 부드럽게 하고 난 뒤 에 칫솔로 녹을 문질러 닦습니다.

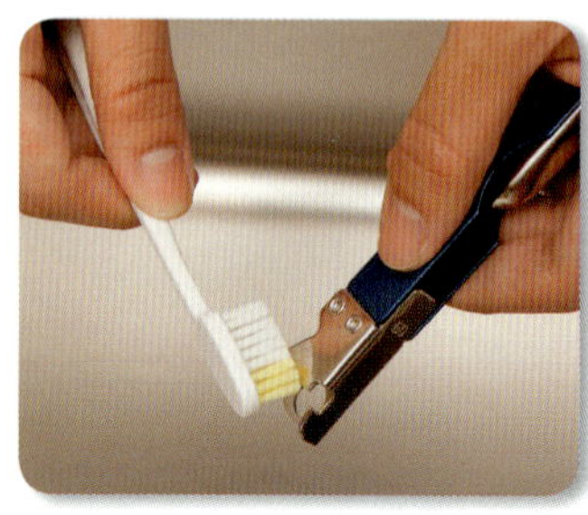

준비물
- 베이킹소다 가루: 4큰 술
- 뜨거운 물: 설거지통 1통 분량
- 대야   · 칫솔

사용 빈도 그때그때

① 설거지통에 미지근한 물을 붓고 베이킹소다 가루를 녹이 고 약 30분 동안 깡통따개를 담근다.
② 칫솔로 때를 문질러 닦고, 물로 씻어서 말린다.

거품기 닦기

거품기는 끝 부분에 때가 많이 끼는 구조입니다. 베이킹소다수 속에서 흔들어 씻으면 놀라울 정 도로 깨끗해집니다.

준비물
- 베이킹소다 가루: 4큰 술
- 중성 세제: 적당량
- 미지근한 물
- 설거지통

사용 빈도 그때그때

① 설거지통에 미지근한 물을 붓고, 베이킹소다 가루와 중 성 세제를 몇 방울 떨어뜨린다.
② 거품기를 물속에서 흔들어 씻어서 말린다.

식칼과 강판의 관리 포인트

식칼 관리

손잡이를 분리할 수 있는 식칼은 손잡이를 분리하 고 속에 숨어 있던 부분의 녹도 닦습니다. 손잡이가 덜컥거리면 새로운 손잡 이를 준비해서 끼워넣고 끝쪽을 두드려고 안정되 게 끼웁니다.

강판 관리

플라스틱제 강판의 청소는 종려나무 수세미를 사 용하면 좋습니다. 종려나무 수세미에 베이킹소다 가루를 묻혀서 닦으면 다소 힘은 들더라도 거의 흠집이 나지 않게 때를 닦을 수 있습니다.

숟가락과 포크 때 닦기

검고 탁하게 변한 숟가락과 포크는 베이킹소다 페이스트로 반짝반짝하게 닦으세요. 오랫동안 광택이 유지됩니다.

준비물
- 베이킹소다 페이스트: 1/2작은술
- 행주

사용 빈도 거무스름하거나 광택이 나지않을때

❶ 베이킹소다 페이스트를 숟가락에 묻혀서 손가락으로 문지른다.
❷ 물로 씻어낸다.
❸ 행주로 닦는다.

숟가락과 포크의 찌든 때 닦기

녹 등 좀처럼 닦이지 않는 찌든 때에는 베이킹소다 가루와 식초를 함께 사용하면 반짝반짝 윤이 납니다. 정기적으로 관리해 주세요.

준비물
- 베이킹소다 가루: 적당량
- 식초: 적당량
- 스펀지
- 행주

사용 빈도 3일 간격

❶ 숟가락과 포크의 녹슨 부분에 베이킹소다 가루와 식초를 1대 1 비율로 섞어서 올린다.
❷ 약 1시간 동안 놔뒀다가 젖은 스펀지로 문지른다.
❸ 물로 씻어내고 행주로 물기를 잘 닦아낸다.

기름 포트의 기름기 닦기

기름 포트에 달라붙은 기름때는 베이킹소다 가루와 세제로 해결할 수 있습니다. 마무리할 때에 구연산수를 분무기로 뿌리면 완벽합니다.

준비물
- 베이킹소다 가루: 적당량
- 구연산수: 적당량
- 세제: 적당량
- 스펀지

사용 빈도 1개월 간격

❶ 스펀지에 비누를 묻혀 거품을 낸다.
❷ 기름 용기에 베이킹소다 가루를 뿌리고 ❶로 문지른다.
❸ 구연산수를 분무기로 뿌리고 마른 걸레로 닦아낸다.

알루미늄과 가공하지 않은 목제 기구는 요주의!

매우 편리하고 만능으로 쓰이는 베이킹소다에도 약점이 있습니다. 그것은 알루미늄제와 가공하지 않은 목제입니다. 두 가지 모두 베이킹소다를 사용하면 검게 변하니 주의하세요.

플라스틱 통 깨끗이 유지하기

흠집이 나기 쉬운 플라스틱제 통은 부드러운 입자의 베이킹소다 페이스트로 닦는 것이 가장 좋습니다. 탈취에도 최고입니다 !

준비물
- 베이킹소다 페이스트: 적당량
- 스펀지

사용 빈도 - 1주일 간격

① 통에 베이킹소다 페이스트를 넣고 젖은 스펀지로 문지른다.
② 물로 씻는다.

에코 포인트
플라스틱 소재는 다른 소재에 비하면 특히 때가 잘 타고 냄새가 배기 쉽습니다. 정기적으로 미리 관리하세요.

플라스틱 통 냄새 없애기

조리할 때 많이 사용하는 플라스틱 통은 냄새가 배기 쉽습니다. 베이킹소다 가루로 깨끗하게 탈취하세요. 정기적으로 관리하는 것이 중요해요.

준비물
- 베이킹소다 가루: 적당량
- 행주

사용 빈도 - 1주일 간격

① 통을 물로 씻고, 잘 말린다.
② 베이킹소다 가루를 뿌린다.
③ 마른 행주로 통을 덮고 하룻밤 그대로 놔둔다.
④ 물로 씻는다.

플라스틱 용기 때 닦기

음식을 보관하는 플라스틱 용기는 국물과 기름 등이 들러붙기 쉽습니다. 베이킹소다 가루를 사용하면 냄새와 끈적임도 없앨 수 있습니다.

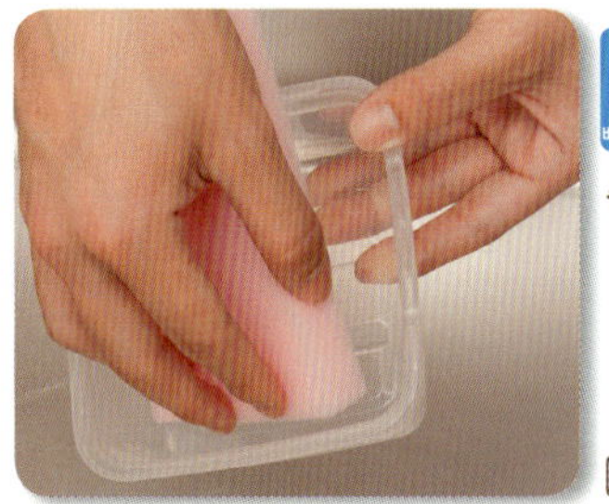

준비물
- 베이킹소다 가루: 적당량
- 스펀지

사용 빈도 - 그때그때

① 플라스틱 용기 전체에 베이킹소다 가루를 뿌린다.
② 젖은 스펀지로 문지른다.
③ 물로 씻는다.

얼음 틀 때 닦기

얼음 틀에는 미네랄에서 나온 칼슘 가루 때문에 하얗게 때가 낍니다. 구연산수를 분무기로 뿌려서 때를 분해하세요.

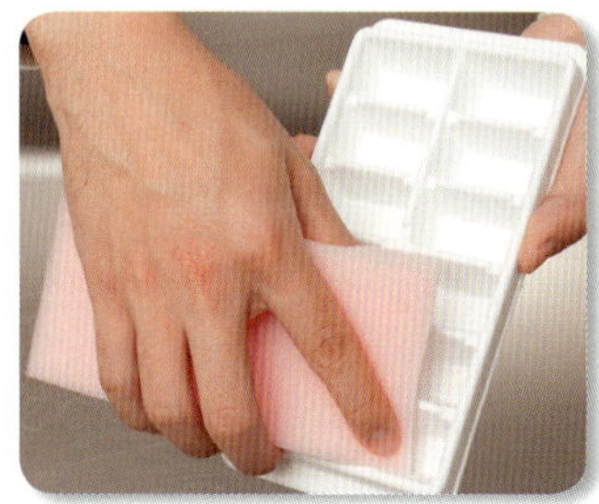

준비물
- 구연산수: 적당량
- 스펀지

사용 빈도 - 2주일 간격

① 얼음 틀에 분무기로 구연산수를 뿌린다.
② 마른 스펀지로 잘 문지른다.
③ 물로 씻어낸다.

카레 그릇 등의 기름기 닦기

접시와 냄비에 달라붙은 카레 때에는 베이킹소다 가루를 뿌려서 문지릅니다. 기름때가 깨끗하게 없어집니다.

준비물
- 베이킹소다 가루: 적당량
- 스펀지

사용 빈도 그때그때

1. 접시와 냄비의 때에 물을 흘려 적신다.
2. 베이킹소다 가루를 접시와 냄비에 골고루 뿌린다.
3. 젖은 스펀지로 문지르고 물로 씻는다.

음식 찌꺼기와 기름기 닦기

음식 찌꺼기와 기름기로 더러워진 식기는 베이킹소다 가루를 넣은 뜨거운 물에 담가 둬서 설거지하기 쉽게 하세요.

준비물
- 베이킹소다 가루: 적당량
- 미지근한 물: 적당량
- 설거지통

사용 빈도 그때그때

1. 사용한 식기를 넣은 설거지통에 미지근한 물을 붓는다.
2. 베이킹소다 가루를 뜨거운 물의 분량에 따라서 1큰술에서 1컵을 뿌린다.

간장 통 얼룩 닦기

조심해서 쓰는데도 간장 얼룩은 피할 수가 없습니다. 베이킹소다수를 분무기로 뿌려서 들러붙은 얼룩을 없애세요.

준비물
- 베이킹소다수: 적당량
- 행주

사용 빈도 그때그때

1. 얼룩진 부분에 분무기로 베이킹소다수를 뿌리고, 젖은 행주로 닦아낸다.
2. 금세 지저분해지는 통의 입구도 같은 방법으로 닦아낸다.

삼발이와 버너 관리

삼발이와 버너의 때는 그대로 방치하면 가스 구멍이 막히고 가열 효율이 나빠져서 불필요한 가스요금을 더 내게 됩니다. 그렇게 되지 않도록 1개월에 한 번은 청소를 해 주세요.
미지근한 물 1리터에 베이킹소다 가루 4큰술을 녹이고, 삼발이와 버너를 넣어서 1시간 정도 불립니다. 그 다음에 스펀지로 문지르고 물로 씻으세요. 그래도 떨어지지 않는 찌든 때는 베이킹소다수를 큰 냄비에 넣고 5~10분 끓여서 베이킹소다의 효과를 더욱 높입니다. 식으면 구석구석을 칫솔, 나무 꼬치 등을 사용해서 닦으세요.

찻잔의 찻물 얼룩 없애기

찻물 얼룩은 지우기 어렵지만, 베이킹소다 가루를 사용하면 없앨 수 있습니다. 베이킹소다 가루로 지워지지 않을 때는 구연산수를 뿌리세요!

준비물
• 베이킹소다 가루: 적당량
• 스펀지

사용 빈도 1주일 간격

❶ 젖은 스펀지에 베이킹소다 가루를 뿌린다.
❷ 찻물 얼룩이 진 부분을 문지른다.
❸ 물로 씻어낸다.

유리컵의 자국 지우기

유리가 탁해지면 베이킹소다수를 분무기로 뿌려서 반짝반짝하게 윤을 내세요. 유리 표면에 상처 내지 않고 마무리할 수 있습니다.

준비물
• 베이킹소다수: 적당량
• 스펀지

사용 빈도 1주일 간격

❶ 유리 제품에 베이킹소다수를 분무기로 뿌린다.
❷ 젖은 스펀지로 문지른다.
❸ 뜨거운 물로 헹궈서 말린다.

텀블러 닦기

텀블러와 물통 내부는 베이킹소다 가루와 구연산 가루의 발포 작용을 이용해서 씻습니다. 속에 배어 있던 냄새도 깨끗하게 없어집니다.

준비물
• 베이킹소다 가루: 2큰술
• 구연산 가루: 1큰술
• 뜨거운 물: 1컵

사용 빈도 1주일 간격

❶ 텀블러에 베이킹소다 가루, 구연산 가루, 뜨거운 물을 넣는다.
❷ 뚜껑을 닫고 가볍게 흔들어 물로 씻어낸다.

크리스털 식기도 베이킹소다로 깨끗하게!

고급 크리스털 식기와 유리는 오랫동안 깨끗하게 사용하고 싶은 물건입니다. 이러한 고가의 식기에도 베이킹소다를 사용하면 효과를 볼 수 있습니다.

준비물
• 베이킹소다 가루: 적당량
• 베이킹소다수: 적당량
• 미지근한 물: 적당량
• 설거지통

❶ 설거지통에 미지근한 물을 붓고, 베이킹소다 가루를 녹인다.
❷ ❶에 식기를 담근다.

에코 포인트
탁해진 경우에는 행주에 베이킹소다수를 분무기로 뿌려서 닦으세요.

스펀지 · 수세미 때 없애기

하룻동안 사용한 스펀지와 수세미는 때가 잔뜩 끼어 있습니다. 베이킹소다수에 하룻밤 동안 담가서 완벽하게 씻어낼 수 있어요.

준비물
- 베이킹소다수: 적당량
- 설거지통

사용 빈도 ▶ 매일 저녁

❶ 설거지통에 베이킹소다를 넣는다.
❷ 스펀지를 베이킹소다수에 하룻밤 동안 담근다.
❸ 잘 헹궈서 말린다.

행주 냄새 없애기

때를 닦아내는 행주를 더러운 채로 놔두면 모처럼 한 청소도 쓸모없어집니다. 베이킹소다 가루로 항상 청결하게 유지하세요.

준비물
- 베이킹소다 가루: 적당량

사용 빈도 ▶ 그때그때

❶ 사용 후에 물로 한 번 빨아서 젖은 행주를 펼친다.
❷ 베이킹소다 가루를 뿌리고 잠시 놔둔다.
❸ 물로 헹구고 말린다.

요리 재료 준비에도 큰 효과 !

채소 냄새 없애기

과일에 묻어 있는 왁스(광택제)와 채소의 불순물도 베이킹소다 가루로 문질러 씻으면 깨끗해집니다. 베이킹소다는 먹어도 무해하기 때문에 안심하세요.

준비물
- 베이킹소다 가루: 적당량
- 베이킹소다수: 적당량

사용 빈도 ▶ 요리하기 전

❶ 채소에 베이킹소다 가루를 묻히고 문질러 씻는다.
❷ 물로 씻어낸다. 부드러운 채소와 잎채소는 베이킹소다수에 담가서 씻는다.

고기를 부드럽게

고기는 단백질을 많이 포함합니다. 베이킹소다 가루를 묻혀서 불에 익히면 단백질이 분해되어 부드러워지고 더욱 맛있게 조리됩니다.

준비물
- 베이킹소다 가루: 조금

사용 빈도 ▶ 요리하기 전

❶ 고기에 베이킹소다 가루를 뿌리고 문지른다.
❷ 약 30분 놔두었다가 그대로 익힌다.

쓰레기통 냄새 없애기

쓰레기통에서 악취가 날 때는 베이킹소다 가루를 구석구석 뿌리면 미생물의 번식도 예방할 수 있기 때문에 일거양득입니다.

베이킹소다 가루

준비물
• 베이킹소다 가루: 적당량

사용 빈도 ▶ 하루에 2~3 번

● 쓰레기통을 열고 닫을 때마다 베이킹소다 가루를 뿌린다.

쓰레기봉지 냄새 없애기

음식물 쓰레기를 버리기 전에 쓰레기봉지에 베이킹소다 가루를 뿌리면 실내에 두어도 냄새가 덜 납니다.

베이킹소다 가루

준비물
• 베이킹소다 가루: 적당량

사용 빈도 ▶ 쓰레기봉지를 바꿀 때마다

● 음식물 쓰레기를 버리기 전에 쓰레기봉지에 베이킹소다 가루를 뿌린다.

고무장갑 청결 유지

고무장갑을 사용하다 보면 안쪽이 꺼끌꺼끌해집니다. 그럴 때는 베이킹소다 가루를 넣어서 흔들면 매끄럽고 쾌적해집니다.

베이킹소다 가루

준비물
• 베이킹소다 가루: 적당량

사용 빈도 ▶ 끈적일 때마다

❶ 고무장갑 속에 베이킹소다 가루를 뿌린다.
❷ 고무장갑 입구를 막고 위아래로 잘 흔든다.
❸ 속에 들은 베이킹소다 가루를 털어낸다.

간단하고 편리하다 !
'베이킹소다 수세미' 만들기

베이킹소다 수세미란 베이킹소다 가루를 젤라틴으로 굳힌 청소 아이템입니다 .
때가 탄 곳에 집중적으로 지우개처럼 문질러서 때를 지울 수 있습니다 .

준비물
(손바닥 크기 3개 분량)
• 베이킹소다 가루: 1컵
• 가루 젤라틴: 1작은술
• 물: 2작은술
• 소금: 조금
• 물: 1큰술
• 취향에 맞는 향의 오일: 2~3방울

물 2작은술에 가루 젤라틴을
뿌려서 불린다.

베이킹소다 가루와 소금, ❶
을 넣고 물 1큰술을 더해서
섞는다.

취향에 맞는 향의 오일을
2~3방울 떨어뜨린다.

잘 섞어서 반죽을 한다.

틀에 반죽을 넣어서 그대로
냉장고에서 2~3시간 동안 굳
힌다.

틀에서 빼서 완성한다.

보관 방법
습기에 약하기 때문에
밀폐 용기에 넣어서 상
온 또는 냉장고에 보관
합니다. 1개월은 거뜬히
사용할 수 있습니다.

사용법 

냄비와 전자레인지의 들러붙은 때를 없애거나 녹슨 곳을 닦
는 등 말라붙은 때를 닦는 데 사용합니다. 문지르면 가스가
나오기 때문에 행주로 잘 닦으세요.

사용할 수 없는 곳
물기가 있는 배수구 주변은 문지르기 전에 녹을 수 있기 때
문에 피하세요.

냄비의 음식이 들러붙은 부분을
베이킹소다 수세미로 문지른다.

물에 적셔서 물기를 꼭 짠 행주로
닦아낸다.

까맣게 탄 자국이 깨끗하게 없어
진다.

욕실 에코 청소
Bathroom

하루의 피로를 씻어주는 릴렉스 룸입니다. 몸을 깨끗하게 할 뿐만 아니라,
욕실도 청결하게 관리합시다. 퀴퀴한 냄새와 곰팡이는 묵혀 두지 말고
바로바로 없애는 것이 중요합니다.

타일 줄눈 곰팡이 제거

좀처럼 떨어지지 않는 타일의 검은 곰팡이도 베이킹소다와 표백제의 효과가 합쳐져서 새하얘집니다!

준비물

- 베이킹소다 가루: 적
  당량
- 산소계 표백제: 적당
  량
- 글리세린: 적당량
- 랩
- 스펀지
- 칫솔
- 걸레

사용 빈도 1주일 간격

에코 포인트
지나치게 세게 문지르면
줄눈 부분이 벗겨질 수 있
으니 주의하세요.

❶ 곰팡이 제거용 페이스트
(13쪽 참조)를 타일 줄눈
에 바른다.

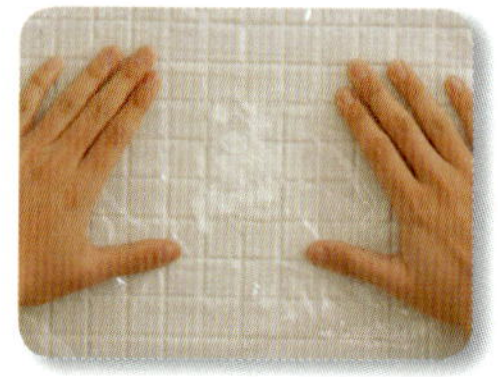

❷ ❶을 바른 부분을 랩으로
덮고 1~2시간 그대로 놔
둔다.

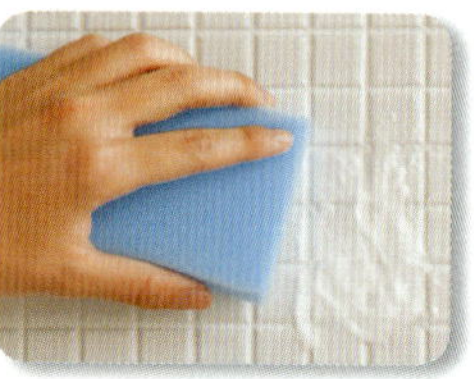

❸ 랩을 벗겨내고, 스펀지로
전체를 문지른다.

❹ 타일의 줄눈 부분을 칫솔
로 부드럽게 문지른다.

❺ 물에 젖은 걸레로 때를 닦
아낸다.

❻ 샤워기로 물을 뿌려 씻어
낸다.

※글리세린은 화장품 등에 사용되는 성분이다. 약국에서 구매할 수 있다.

욕조 때 닦기

세제가 없어도 베이킹소다 가루로 욕조의 물때를 깨끗이 닦을 수 있습니다. 천연 재료이기 때문에 몸에 묻어도 안심해도 괜찮습니다!

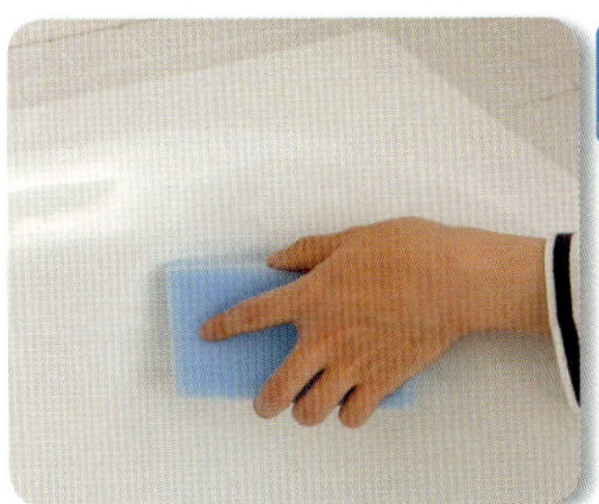

준비물
- 베이킹소다 가루: 적당량
- 스펀지

사용 빈도 · 그때그때

① 욕조 안에 베이킹소다 가루를 뿌린다.
② 젖은 스펀지로 문지른다.
③ 물로 씻어낸다.

욕조의 찌든 때 닦기

좀처럼 떨어지지 않는 찌든 때에는 스펀지를 식촛물에 담갔다가 사용합니다. 식촛물은 곰팡이가 끼는 것을 방지하는 효과도 있습니다.

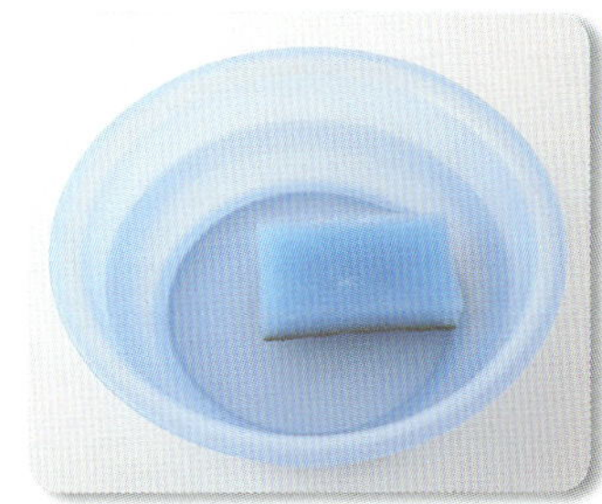

준비물
- 베이킹소다 가루: 적당량
- 식초: 적당량
- 물: 적당량
- 스펀지　· 대야

사용 빈도 · 1주일 간격

① 대야에 물을 붓고 식초를 섞어서 스펀지를 담근다.
② 욕조 안에 베이킹소다 가루를 뿌리고, ①의 스펀지로 닦는다.
③ 물로 깨끗이 씻어낸다.

벽 곰팡이 예방

지긋지긋하게 떨어지지 않는 욕실 벽의 곰팡이도 욕조를 사용한 뒤에 구연산수를 분무기로 뿌려 주기만 하면 간단히 막을 수 있습니다.

준비물
- 구연산수: 적당량
- 스펀지

사용 빈도 · 1주일 간격

① 벽에 구연산수를 분무기로 뿌린다.
② 그대로 3~5분 놔두었다가 물에 적신 스펀지로 문지르고 물로 씻어낸다.
③ 환기 팬을 돌려서 욕실의 습기를 잘 제거한다.

에코 포인트
곰팡이는 알레르기 유발 물질입니다. 물기가 주변은 특히 주의해 주세요. 베이킹소다로 청소한 뒤에 식촛물을 분무기로 뿌리고, 완전히 말리기만 하면 됩니다.

베이킹소다는 목재, 식초는 인조 대리석과 돌 욕조에는 사용하면 안 됩니다. 베이킹소다와 식초를 사용해서 청소를 할 때는 욕조의 소재에 주의해 주세요.

천장 때 닦기

의외로 소홀하기 쉬운 곳이 욕실 천장의 때입니다. 식초로 세균을 없애고, 깨끗이 습기를 닦아서 청결을 유지하세요.

준비물
- 베이킹소다수: 적당량
- 식초: 적당량
- 대걸레(1회용 청소포 사용)
- 걸레

사용 빈도 - 1주일 간격

① 대걸레에 청소포를 끼우고, 베이킹소다수를 분무기로 뿌려서 천장을 닦는다.
② 청소포를 바꿔 끼우고, 식초를 분무기로 뿌려서 다시 닦는다.
③ 청소포를 새것으로 바꿔 끼우고, 마른 걸레질을 한다.

샤워 부스 유리문의 때 닦기

욕실 샤워 부스 유리문은 청소를 하지 않고 지나칠 때가 많습니다. 물때와 비눗물이 남아 있기 때문에 수시로 청소해야 합니다.

준비물
- 베이킹소다 가루: 적당량
- 스펀지
- 걸레

사용 빈도 - 3일 간격

① 적신 스펀지에 베이킹소다 가루를 묻힌다.
② ①로 유리문을 닦는다.
③ 물로 씻어내고, 마른 걸레로 습기를 제거한다.

에코 포인트
마지막에 식촛물을 분무기로 뿌리고, 그대로 말리면 항균 작용을 하여 곰팡이가 끼지 않게 방지합니다. 식초는 석회 때를 제거하기 때문에 물때 청소를 할 때 추천합니다!

욕실 바닥 닦기

욕식 바닥은 물이 고이기 쉽고, 물때가 남아서 곰팡이가 생기기 쉬운 장소입니다. 베이킹소다로 깨끗하게 닦으세요.

준비물
- 베이킹소다 가루: 적당량
- 구연산수: 적당량
- 스펀지

사용 빈도 - 3일 간격

① 욕실 바닥에 구연산수를 분무기로 뿌리고, 3~5분 그대로 둬둔다.
② 젖은 스펀지에 베이킹소다 가루를 듬뿍 묻혀서 바닥을 문지른다.
③ 물로 씻어낸다.

배수구의 끈적이는 때 닦기

욕실에서 가장 때가 많이 끼는 곳이 배수구입니다. 베이킹소다와 구연산 두 가지 재료의 효과를 합쳐서 끈적이는 때를 완전히 제거할 수 있습니다.

준비물
• 베이킹소다 가루: 적당량
• 구연산수: 적당량
• 스펀지
• 걸레

사용 빈도 - 1주일 간격

① 배수구에 걸려 있는 머리카락 등을 집어내고, 마른 걸레로 물기를 닦아낸다.
② 구연산수를 분무기로 뿌리고 3~5분 그대로 놔둔다.
③ 베이킹소다 가루를 뿌리고 스펀지로 문지른 뒤에 씻어낸다.

거울 닦기

거울이 뿌예지는 주요 요인은 물때입니다. 구연산수를 이용해서 깨끗하게 닦습니다. 레몬 껍질로 문질러도 똑같은 효과가 나타납니다.

준비물
• 구연산수: 적당량
• 걸레

사용 빈도 - 그때그때

① 거울에 구연산수를 분무기로 뿌린다.
② 마른 걸레로 문질러 닦는다.

에코 포인트
물때가 심할 때는 레몬을 사용하세요. 구연산수로 닦은 뒤에 레몬 슬라이스로 거울을 닦으면 효과가 훨씬 좋습니다.

세면 대야의 물때 지우기

세면 대야에 달라붙은 기름때의 정체는 몸에서 나온 피지입니다. 베이킹소다를 사용하면 지저분한 때를 매끌매끌하게 닦을 수 있습니다.

준비물
• 베이킹소다 가루: 적당량
• 스펀지

사용 빈도 - 그때그때

① 물에 적신 스펀지에 베이킹소다 가루를 묻힌다.
② 지저분한 때가 붙은 곳을 문지른다.
③ 물로 씻어낸다.

에코 포인트
일반적인 방법으로 때를 닦을 수 없을 때는, 종이 타월로 덮고 위에서 식초 물을 분무기로 뿌리고 30분 정도 놔두세요.

베이킹소다를 입욕제로 사용하자!

입욕제 대신에 베이킹소다를 욕조 물에 넣어 보세요. 200리터의 뜨거운 물에 가볍게 한 움큼(약 40g)을 넣습니다. 베이킹소다가 연수화 작용을 하여 물이 피부에 좋은 연수로 바뀌고, 매끌매끌한 피부를 만들어 줍니다. 또 욕조 물에 베이킹소다 가루를 넣으면 자연스럽게 물때가 끼지 않게 방지하는 효과도 있습니다.

호스에 달라붙은 끈적임과 때는 고착되기 전에 베이킹소다 가루를 묻힌 스펀지로 잘 닦아서 때가 덜 끼도록 방지하세요.

준비물
- 베이킹소다 가루: 적당량
- 스펀지

① 물에 적신 스펀지에 베이킹소다 가루를 뿌린다.
② ①로 샤워 헤드의 끝 부분부터 문질러 내려간다.
③ 물로 씻어낸다.

샤워기 호스에 생긴 검은 때는 산소계 표백제의 표백 작용을 이용해서 없애세요. 랩으로 싸 주면 때 깊숙이 스며듭니다.

준비물
- 베이킹소다 가루: 적당량
- 산소계 표백제: 적당량
- 글리세린: 적당량
- 랩   • 스펀지

① 곰팡이 제거 페이스트(13쪽 참조)를 호스에 바르고, 랩으로 싸서 약 30분 동안 그대로 놔둔다.
② 랩을 벗기고 베이킹소다 가루를 뿌린 스펀지로 닦고, 물로 씻어낸다.

샴푸와 린스 용기 등 욕실 용품에 생긴 물때는 …

준비물
- 베이킹소다 가루: 적당량
- 물: 적당량
- 스펀지

① 세면 대야에 물을 붓고, 베이킹소다 가루를 적당량 넣는다. 잘 휘저으며 섞어서 녹인다.

② 욕실 용품을 세면 대야에 30분~1시간 동안 담가 둔다.

③ 물로 씻는다. 그래도 때가 닦이지 않은 것 같으면 스펀지로 문지른다.

샤워기 헤드의 막힌 물 구멍 뚫기

물 구멍이 막혀서 물줄기가 잘 나오지 않는 샤워기는 구연산 가루를 탄 물에 담근 뒤에 베이킹소다 가루로 닦습니다.

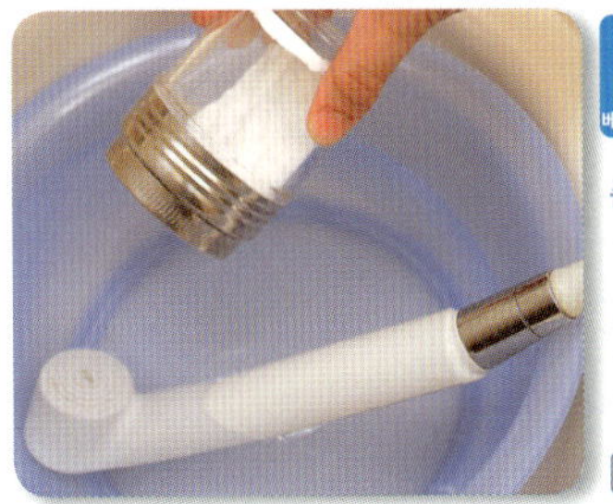

준비물
- 베이킹소다 가루: 적당량
- 구연산 가루: 적당량
- 세면 대야
- 스펀지

사용 빈도 - 1주일 간격

① 세면 대야에 물을 붓고, 구연산 가루를 뿌린다.
② ①에 샤워기 헤드를 담그고, 약 30분 동안 그대로 놔둔다.
③ 스펀지에 베이킹소다 가루를 뿌려서 샤워기 헤드를 닦고, 물로 씻어낸다.

샤워 커튼의 곰팡이 제거

곰팡이가 낀 샤워 커튼은 베이킹소다 가루로 문질러 닦고 나서 세탁기에 넣어 빨래합니다. 구석구석 깨끗이 없앨 수 있습니다.

준비물
- 베이킹소다 가루: 적당량
- 빨래 세제: 적당량
- 스펀지

사용 빈도 - 3일 간격

① 물에 적신 스펀지에 베이킹소다 가루를 뿌린다.
② ①의 스펀지로 샤워 커튼을 닦는다.
③ 세탁기에 넣어서 빨래한다.(빨래 세제에 베이킹소다 1/2컵을 넣으면 곰팡이가 끼는 것을 방지)

곰팡이 방지하기

습기가 많은 욕실은 곰팡이에 취약한 공간입니다. 욕조 목욕을 한 뒤에 곰팡이가 생기는 원인을 베이킹소다 분무기로 퇴치하고, 습기를 확실히 말려 주세요.

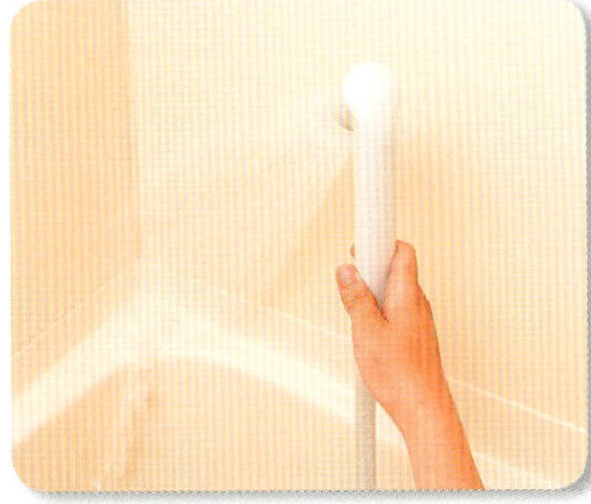

준비물
- 베이킹소다수(베이킹소다 가루 1작은술, 물 1컵): 적당량

사용 빈도 - 그때그때

① 욕조 안과 욕실 전체에 베이킹소다수를 분무기로 뿌린다.
② 약 3~5분 그대로 놔두었다가 물로 씻어낸다.

에코 포인트
곰팡이가 끼는 것을 방지하려면 수시로 환기하는 것이 중요합니다. 베이킹소다수를 분무기로 뿌린 뒤에 창문을 열거나 건조기를 사용하여 실내의 습기를 말려야 합니다.

욕조를 닦기 위한 욕조용 세제로는 베이킹소다가 효과가 큽니다. 만드는 법은 간단하게 욕조용 세제와 섞기만 하면 됩니다.

준비물
- 베이킹소다 가루: 2컵
- 욕조용 세제: 3큰술
- 입구가 넓은 용기
- 물: 1컵

❶ 용기에 베이킹소다 가루와 욕조용 세제를 넣는다.
❷ 물을 천천히 부으면서 잘 섞는다.
❸ 병이나 플라스틱 통에 넣고 뚜껑을 잠근다.
❹ 잘 흔들어서 사용한다.

입욕제 대신으로 쓸 수 있습니다. 욕조에 베이킹소다를 넣으면 물이 피부에 좋은 연수로 바뀔 뿐만 아니라 물때도 잘 끼지 않습니다.

준비물
- 베이킹소다 가루(식용): 적당량

❶ 욕조에 물을 받고, 베이킹소다(식용)를 적당량 넣는다.
❷ 잘 저어 섞는다.

목욕 소금 만들기

목욕물을 부드럽게 하고, 물때 끼는 것을 방지하기도 하는 베이킹소다 가루로 입욕제를 만들어 보세요.

준비물 베이킹소다 가루 : 1컵, 적양배추 : 1/2장, 글리세린 : 1큰술, 녹말 : 1큰술, 구연산 가루 : 1컵

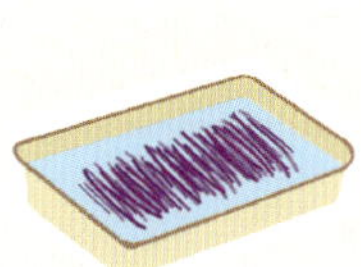

❶ 목욕 소금에 핑크색을 내기 위해서, 적양배추를 가늘게 채 썬다.

❷ 그릇에 채 썬 적양배추를 넣고 글리세린에 하룻밤 동안 담가 둔다.

❸ 용기에 베이킹소다 가루, 녹말, 색이 든 글리세린, 구연산 가루를 넣고 섞는다.

❹ 촉촉해질 때까지 섞고, 동그랗게 모양을 만든다. 반나절 동안 건조시키면 완성이다.

❺ 서늘한 곳에 보관하고, 약 1주일 동안 사용할 수 있다.

베이킹소다로 미용 관리하기
헤어 케어에도 효과적

거칠거칠하게 손상된 머리카락과 끈적한 기름기도 베이킹소다가 해결해 줍니다.
아름다운 큐티클 층을 되살려 보세요.

베이킹소다 샴푸

관리에 소홀하기 쉬운 머리카락도 베이킹소다를 사용해서 관리하세요. 베이킹소다의 탈취, 살균 작용으로 건강한 머리카락이 되살아납니다.

준비물
• 베이킹소다 가루: 적당량
• 순정 비누: 적당량

[만드는 법]

손바닥에 순정 비누의 거품을 잘 내서 베이킹소다 가루를 뿌린다.

[사용법]

일반적으로 샴푸를 할 때와 마찬가지로 두피를 마사지하듯이 머리를 감는다.

구연산 린스

베이킹소다 샴푸는 알칼리성으로 머리카락의 큐티클 층이 벌어지게 하기 때문에, 구연산의 산을 이용해서 큐티클 층을 다시 모아서 머리카락의 손상을 막습니다.

준비물
• 구연산 가루: 1 1/2큰술
• 글리세린: 1/2큰술
• 정제수: 1 1/2큰술
• 취향에 맞는 아로마 오일: 적당량

도구
• 용기
• 거품기
• 병 (유리 , 플라스틱)
• 세면 대야

[만드는 법]

❶ 용기에 모든 재료를 넣고, 거품기로 잘 섞는다.
❷ 빈 병에 ❶을 넣어서 보관한다.

[사용법]

세면 대야에 물을 반쯤 붓고, 구연산 린스 1큰술을 넣어서 잘 섞고, 머리카락 전체에 문지른다.

머리카락 냄새 없애기

베이킹소다수를 사용하면 머리카락에서 나는 특유의 냄새도 깨끗하게 없애 줍니다. 꼼꼼하게 분무하면 하루 내내 좋은 향기를 유지합니다.

준비물
• 베이킹소다수: 적당량

도구
• 분무기 통
• 빗

[만드는 법]

베이킹소다수를 머리카락 전체에 분무기로 뿌린다.

[사용법]

머리카락에 분무기로 뿌리고 빗으로 빗는다.

두피를 건강하게 유지

머리카락이 끈적거리거나 거칠다면, 베이킹소다 가루를 뿌려서 두피를 잘 마사지하세요. 청결한 두피로 머리카락이 건강해지는 환경을 마련하세요.

준비물
• 베이킹소다 가루: 적당량

도구
• 드라이어

[사용법]

베이킹소다 가루를 두피에 뿌리고, 문질러 바르듯이 두피를 마사지한다. 그 다음에 물로 씻어내고, 드라이어로 머리카락을 잘 말린다.

피부에 윤기가 나는
베이킹소다 입욕제

목욕물에 넣으면 거품이 올라오면서 녹아 재미있는 거품 입욕제입니다.
베이킹소다와 구연산으로 간단히 만든 다음에 방향유와 클레이로 향기와 색을 내서 만드는 재미가 있습니다.

거품 목욕제란?
베이킹소다와 구연산을 섞어서 만든 입욕제

욕조에 넣으면 발포 작용을 일으켜, 거품이 일어나는 거품 입욕제입니다.
베이킹소다의 연수화 작용으로 물이 부드러워지고, 피부가 매끈매끈해지는 효과와 혈액 순환 촉진 효과가 있습니다.

거품 입욕제의 효과

❶ 혈액 순환 촉진 효과

욕조에 넣으면 발포 작용을 일으켜, 거품이 일어나는 거품 입욕제입니다.
베이킹소다의 연수화 작용으로 물이 부드러워지고, 피부가 매끈매끈해지는 효과와 혈액 순환 촉진 효과가 있습니다.

❷ 릴렉스 효과

몸이 확실히 따뜻해지면, 피로가 풀리고 자연히 기분도 편안해집니다. 또한 방향유를 섞어서 사용하면 향기가 나서 릴렉스 작용도 하고, 기분 전환을 할 수 있기 때문에 하루의 피로를 해소하는 데 매우 도움이 됩니다.

수제의 장점

❶ 시판 제품보다 저렴한 비용

수제의 장점은 뭐니뭐니해도 시판하는 것보다도 저렴한 비용으로 만들 수 있다는 것입니다. 기본적인 간단한 것이라면 1000원 전후의 비용으로 만들 수 있습니다. 지갑 사정에도 크게 부담이 없는 것이 매력입니다.

❷ 자신만의 오리지널을 만들 수 있다!

좋아하는 방향유와 클레이를 섞으면, 자신만의 오리지널을 만들 수 있는 것이 수제의 매력입니다! 자신만의 아이디어에 따라 여러 가지 거품 목욕제를 만들 수 있습니다.

기본 재료

우선 거품 입욕제를 만드는 데 필요한 기본 재료와 도구를 준비하세요.

재료

[정제수 또는 오일, 글리세린]
베이킹소다와 구연산을 섞는 데 사용합니다.

※정제수는 증류와 여과 등으로 정제된 물이다. 약국에서 구입할 수 있다.

[구연산수]
거품 입욕제 만들기에서 빠지면 안 되는 재료입니다. 피부와 머리카락의 PH를 맞추는 역할을 합니다.

[구연산 가루]
거품 입욕제 만들기에서 빠지면 안 되는 재료입니다. 혈액 순환을 촉진하고 발한 작용, 탈취 작용을 합니다.

도구

[고무 주걱 · 거품기]
재료를 섞거나 틀에 넣을 때 사용합니다.

[계량 스푼 · 계량 저울 · 비커]
재료의 분량을 잴 때 사용합니다.

[용기]
재료를 섞을 때 사용합니다.

취향에 맞는 향기와 색을 넣어서 만든다

방향유와 클레이를 사용하면 나만의 거품 입욕제를 만들 수 있습니다.
마음에 드는 조합을 찾아 보세요.

밀키 로즈

밀키 로즈 재료

a. 베이킹소다 가루 ···················· 100g
   구연산 가루 ······················· 80g
   탈지유 ···························· 10g
b. 제라늄(방향유) ··················· 8방울
c. 스위트 아몬드 오일 ········· 1/2작은술
b. 장미 꽃잎 ······················· 적당량

핑크 솔트

핑크 솔트 재료

a. 베이킹소다 가루 ················· 100g
   구연산 가루 ····················· 80g
   히말라야 암염 ··················· 10g
b. 로즈마리(방향유) ············· 8방울
c. 정제수 ····················· 1/4작은술
b. 히말라야 암염 ········· 적당량(과립형)

만드는 법(2가지 공통)

❶ 용기에 a를 넣고, 거품기로 잘 섞는다.
❷ b를 넣고 잘 섞고, 이어서 c를 조금씩 넣어 주면서 잘 섞는다.
❸ d와 ❷를 틀에 넣어서 약 2시간 동안 놔두었다가 틀에서 빼내어 하룻동안 건조시킨다.

기본 만드는 법

재료 (2 가지 공통)

베이킹소다 가루 ······ 100g
구연산 가루 ············ 80g
방향유 ················ 8방울
정제수 ············ 1/4작은술

※또는 오일, 글리세린 1/2작은술

도구

- 비커
- 용기
- 계량 스푼
- 거품기
- 모양 틀(자신이 선호하는 것)
- 고무 주걱

1 용기에 베이킹소다 가루와 구연산 가루를 넣는다.

2 거품기로 잘 섞는다.

3 방향유를 넣어서 잘 섞는다.

4 거품기로 섞으면서 정제수(또는 오일, 글리세린도 가능)를 조금씩 넣으면서 휘젓는다. 손으로 뭉쳐서 부슬부슬 부서지는 정도가 가장 좋다.

5 모든 재료를 잘 섞었으면 모양 틀에 넣어서 약 2시간 동안 놔둔다.

6 모양 틀에서 꺼내서 하룻동 안 건조시키면 완성이다.

세면대 에코 청소
Washroom

세면대는 가족 모두의 하루가 시작되는 곳이기 때문에 항상 깨끗하게 유지해야 합니다!
기분 좋은 아침을 맞을 수 있게 베이킹소다로 반짝반짝 윤이 나는 공간으로 만드세요!

세면대 닦기

세면대에는 비누와 치약 잔여물 등이 남아서, 순식간에 더러워지곤 합니다. 구연산으로 깨끗이 닦아 보세요.

준비물
- 구연산수: 적당량
- 스펀지

사용 빈도 - 3일간격

1. 세면대의 비누 때가 붙은 부분에 구연산수를 분무기로 뿌린다.
2. 젖은 스펀지로 지저분한 부분을 문지르고, 물로 씻어 낸다.

세면대의 찌든 때 닦기

심하게 들러붙은 비누 때와 검은 곰팡이에는 구연산 팩으로 관리하세요. 구연산수를 깊숙이 스며들게 해서 때와 곰팡이를 제거할 수 있습니다.

준비물
- 베이킹소다 가루: 적당량
- 구연산 팩: 적당량
- 스펀지

사용 빈도 - 1주일 간격

1. 지저분한 부분에 구연산 팩을 바르고 약 1시간 동안 그대로 놔둔다.
2. 구연산 팩을 닦아내고 베이킹소다 가루를 뿌린다.
3. 젖은 스펀지로 문지르고, 물로 씻어 낸다.

에코 포인트
세면대의 배수구도 주방과 욕조와 마찬가지 방법으로 관리할 수 있습니다. 천연 재료를 이용해서 구석구석까지 청소해 청결을 유지하세요!

수도꼭지의 찌든 때 닦기

평소에는 마른 걸레질만 해도 됩니다. 검은 때가 끼었다면 구연산 팩으로 반짝반짝 윤을 내세요.

준비물
- 베이킹소다 가루: 적당량
- 구연산 팩: 적당량
- 스펀지
- 걸레

사용 빈도 · 1주일 간격

❶ 검게 더러워진 부분에 구연산 팩으로 감싸고, 약 2시간 동안 그대로 놔둔다.
❷ 구연산 팩을 떼어내고, 베이킹소다 가루를 뿌린다.
❸ 젖은 스펀지로 문지르고, 마른 걸레로 닦는다.

거울 물때 닦기

손자국 등이 남아 있는 거울은 베이킹소다 가루로 닦으세요. 베이킹소다 가루의 부드러운 입자가 때를 깨끗이 닦아 줍니다.

준비물
- 베이킹소다 가루: 적당량
- 베이킹소다수: 적당량
- 스펀지
- 걸레

사용 빈도 · 3일 간격

❶ 거울 전체에 베이킹소다수를 분무기로 뿌리고, 3~5분 그대로 놔둔다.
❷ 스펀지에 베이킹소다 가루를 뿌려 문지른다.
❸ 마른 걸레로 닦아낸다.

양치용 컵 닦기

컵에 남아 있는 치약 잔여물과 물때 등은 베이킹소다수를 묻힌 행주로 닦아서 청결을 유지하세요.

준비물
- 베이킹소다수: 적당량
- 분무기
- 행주

사용 빈도 · 1주일 간격

❶ 컵에 베이킹소다수를 분무기로 뿌리고, 스펀지로 문지른다.
❷ 물로 헹군다.
❸ 마른 행주로 닦는다.

세면대 배수관 막힘을 방치하지 말자!

세면대에 비누 잔여물 등 찌꺼기가 쌓이면 배수관으로 물이 잘 내려가지 않습니다. 방치해 두면 점점 더 막힐 뿐입니다. 베이킹소다로 더러워진 부분을 깨끗이 닦아내세요.

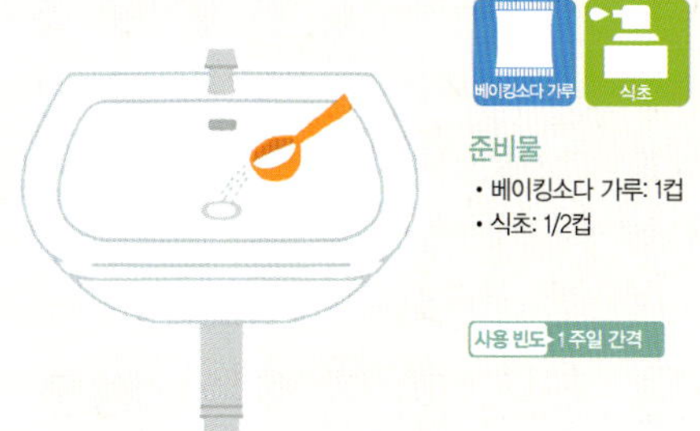

준비물
- 베이킹소다 가루: 1컵
- 식초: 1/2컵

사용 빈도 · 1주일 간격

❶ 배수구에 베이킹소다 가루를 뿌린다.
❷ 이어서 식초를 붓는다.
❸ 15~20분 그대로 놔두었다가 물을 틀어 흘린다.

화장실 에코 청소
Toilet

쉽게 오염되는 장소지만 그래서 더욱 매일 기분 좋게 사용하고 싶은 곳입니다.
눈에 띌 때마다 바로바로 청소하고, 청결하게 사용하세요!

변기 속 닦기

가장 신경이 쓰이는 변기 안쪽의 때는 베이킹소다 가루를 뿌려서 솔로 문지르면 깨끗하게 닦아낼 수 있습니다.

준비물
- 베이킹소다 가루: 적당량
- 변기 청소용 솔

사용 빈도 → 3일간격

① 베이킹소다 가루를 변기 전체에 골고루 뿌린다.
② 약 10분 동안 그대로 놔두었다가 변기용 솔로 문지른다.
③ 물을 내려서 씻어낸다.

변기 속 찌든 때 닦기

들러붙은 누렇고 거무스름한 때에는 식초를 뿌리고, 거기에 베이킹소다 가루를 뿌려서 문지르세요. 구석구석 깨끗하게 닦아내세요.

준비물
- 베이킹소다 가루: 적당량
- 식초: 1컵
- 화장실용 휴지
- 변기 청소용 솔

사용 빈도 → 1주일 간격

① 화장실용 휴지를 변기 안쪽에 붙이고, 식초를 흘려서 2~3시간 동안 그대로 놔둔다.
② 물을 내리면서 베이킹소다 가루를 뿌리고 변기 청소용 솔로 문지른 후에 씻어낸다.

변좌 닦기

여러 사람이 앉는 변좌는 항상 청결하게 유지해야 합니다. 베이킹소다수를 분무기로 골고루 뿌리고 청소하는 것을 습관화하세요.

준비물
- 베이킹소다수: 적당량
- 걸레

사용 빈도 - 그때그때

① 변좌에 베이킹소다수를 분무기로 뿌린다.
② 마른 걸레로 닦아낸다.
③ 변좌의 표면과 뚜껑을 같은 방법으로 청소한다.

변기 물통의 손 씻는 곳 닦기

손 씻는 곳의 물받이는 물때가 끼어 누르스름해지는 곳입니다. 베이킹소다 가루로 문질러서 반짝반짝 윤을 내세요.

준비물
- 베이킹소다 가루: 적당량
- 스펀지

사용 빈도 - 3일 간격

① 베이킹소다 가루를 물받이 전체에 뿌린다.
② 젖은 스펀지로 문지른다.
③ 물을 흘려 스펀지로 닦아낸다.

변기 물통 속의 때 닦기

변기 물통에 때가 끼면 막힘과 악취의 원인이 됩니다. 베이킹소다 가루를 넣어 두면 동시에 변기 속도 깨끗해집니다.

준비물
- 베이킹소다 가루: 적당량

사용 빈도 - 1주일 간격

① 베이킹소다 가루를 물탱크 구멍 속에 듬뿍 뿌린다.
② 그대로 하룻밤 동안 놔두었다가 물을 흘린다.

※ 변기 위에 손 씻는 곳이 따로 없는 경우는 물탱크 뚜껑을 열고 베이킹소다를 뿌린다.

변기 주변 나무 깔개의 때 닦기

비누 찌꺼기와 물때 등이 잘 끼는 화장실 바닥은 구연산수로 완전히 중화해서 닦으세요.

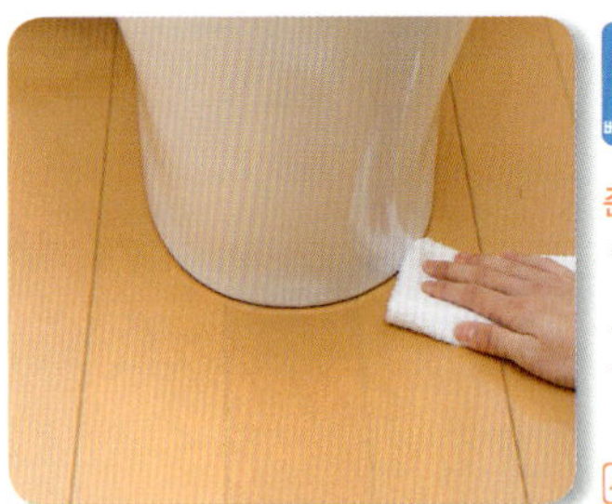

준비물
- 베이킹소다 가루: 적당량
- 구연산수: 적당량
- 걸레

사용 빈도 - 1주일 간격

❶ 구연산수를 나무 깔개 전체에 분무기로 뿌린다.
❷ 베이킹소다 가루를 뿌린 걸레로 닦는다.
❸ 물기를 꼭 짠 걸레로 닦아낸다.

변기 앞 매트 닦기

화장실 매트는 때가 잘 떨어지게 베이킹소다 가루를 뿌려서 빨래하세요.

준비물
- 베이킹소다 가루: 적당량
- 칫솔

사용 빈도 - 지저분해졌을때

❶ 특히 때가 탄 부분에 베이킹소다 가루를 뿌린다.
❷ 칫솔로 문질러서 잘 스며들게 한다.
❸ 매트 전체를 물빨래한다.

휴지걸이 닦기

매일 만지는 휴지걸이의 손때는 베이킹소다수로 닦고, 구연산수로 항균해서 청결을 유지하세요.

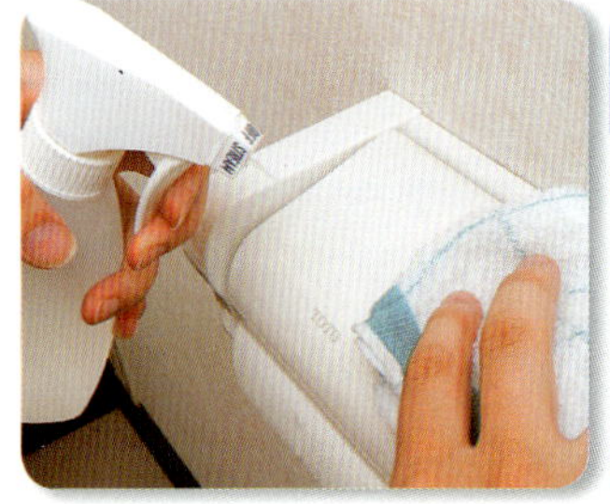

준비물
- 베이킹소다수: 적당량
- 구연산수: 적당량
- 걸레

사용 빈도 - 1주일 간격

❶ 휴지걸이에 베이킹소다수를 분무기로 뿌리고, 걸레로 닦는다.
❷ 구연산수를 분무기로 뿌리고 몇 분 동안 그대로 놔둔다.
❸ 마른 걸레로 닦아낸다.

화장실 휴지통 냄새 없애기

휴지통에 밴 퀴퀴한 냄새는 베이킹소다 가루로 해결할 수 있습니다. 휴지통 안에 베이킹소다 가루를 뿌리면 됩니다.

준비물
- 베이킹소다 가루: 적당량

사용 빈도 - 사용하기 전

❶ 화장실 휴지통에 베이킹소다 가루를 뿌린다.
❷ 1개월 간격으로 베이킹소다 가루를 바꿔 넣는다.

에코 포인트
휴지통 자체에서 냄새가 날 때는 휴지통 속에 미지근한 물을 넣고, 베이킹소다 가루 1큰술을 녹여서 1시간 동안 담가 두세요.

변기 청소용 솔을 깨끗이 관리

변기 청소용 솔에는 세균이 많이 묻어 있습니다.
정기적으로 청소하고, 잘 말려 주세요.

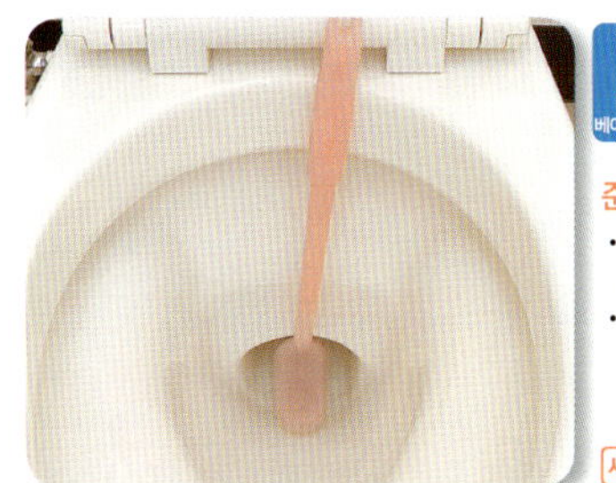

준비물
- 베이킹소다 가루: 적
  당량
- 변기 청소용 솔

사용 빈도 ▶ 1주일 간격

① 변기 속에 물이 고여 있는 부분에 베이킹소다 가루를 뿌린다.
② 솔로 베이킹소다 가루를 녹이고, 변기 물속에 2~3분 담가 두었다가 물로 씻어낸다.

변좌 커버 관리

변좌 커버는 옷과 같이 빨래하기에는 조금 비위
생적인 기분이 듭니다. 베이킹소다를 넣은 대야
에서 빨아 세균을 없애 주세요.

준비물
- 베이킹소다 가루: 적
  당량
- 뜨거운 물: 적당량
- 빨래 대야

사용 빈도 ▶ 1주일 간격

① 뜨거운 물을 부은 대야에 베이킹소다를 넣고 녹인다.
② 변좌 커버를 담그고, 1~2시간 그대로 놔둔다.
③ 물로 잘 헹군다.

베이킹소다 가루로 만든 방향제를 사용하자!

베이킹소다 가루로 만든 방향제를 사용하세요.
베이킹소다를 용기에 넣어 화장실 구석에 놔두기만
해도 냄새 제거 효과가 있습니다. 이때 약간의 에센
셜 오일을 떨어뜨리기만 해도 나만의 방향제가 완성
됩니다. 좋은 향기만이 아니라 기대하는 만큼 효과도
좋으니 꼭 시도해 보세요.

추천 에센셜 오일

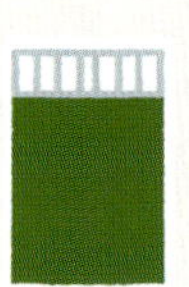

공기 정화 작용이 있는 것
유칼리툽스, 레몬

방충 작용이 있는 것
라벤더, 레몬글라스, 파촐리

살균 작용이 있는 것
페퍼민트, 제라늄, 로즈마리, 티트리

거실 에코 청소
Living Room

가족 생활의 중심 공간인 거실은 밝고 청결해야 하는 것이 최우선입니다.
베이킹소다 청소로 구석구석까지 깨끗이 청소하고, 가족이 웃는 얼굴로 모이는 공간을 만드세요.

카펫 – 유성 때 닦기

좀처럼 닦아내기 힘든 기름때 얼룩에는 베이킹소다와 구연산의 발포 작용이 효과가 있습니다.

준비물

- 베이킹소다 가루: 적
  당량
- 구연산수: 적당량
- 비누: 적당량
- 스펀지
- 걸레

사용 빈도 1주일 간격

에코 포인트
얼룩지기 전에 바로 처리
하는 것이 중요합니다.

❶ 기름때 전체에 베이킹소다
가루를 뿌린다.

❷ 젖은 스펀지에 비누를 문
혀 거품을 낸다.

❸ 베이킹소다 가루를 뿌린
기름때 위를 스펀지로 두
드린다.

❹ 위에서 구연산수를 분무기
로 뿌린다.

❺ 젖은 걸레로 두드리듯이
문지른다.

❻ 마른 걸레로 물기를 닦아
내고 잘 말린다.

카펫 – 수성 때 닦기

소스와 간장 등을 엎질렀을 때는 바로 처리하는 것이 중요합니다. 베이킹소다 가루를 뿌려서 물기를 없애면 얼룩이 남지 않게 방지할 수 있습니다.

준비물
- 베이킹소다 가루: 적당량
- 걸레
- 청소기

사용 빈도 흘렸을 때

1. 마른 걸레로 물기를 닦아낸다.
2. 베이킹소다 가루를 뿌리고, 손가락으로 문지른다.
3. 하룻밤 그대로 놔두었다가 베이킹소다가 마르면 청소기로 빨아낸다.

카펫 – 생활 때 닦기

카펫에는 눈에 띄지 않는 먼지와 때가 틈틈이 끼어 있습니다. 평소에 관리를 해서 청결을 유지하세요.

준비물
- 베이킹소다 가루: 적당량
- 청소기

사용 빈도 그때그때

1. 카펫에 골고루 베이킹소다 가루를 뿌린다. 털이 긴 경우는 손으로 문질러서 하룻밤 동안 놔둔다.
2. 청소기로 베이킹소다 가루를 빨아낸다.

카펫 – 주스 얼룩 닦기

실수로 주스를 쏟았을 때는 바로 베이킹소다 가루를 준비해야 합니다. 베이킹소다 가루를 뿌리고 청소기로 빨아내면 깨끗해집니다.

준비물
- 베이킹소다 가루: 적당량
- 걸레
- 청소기

사용 빈도 주스를 쏟았을 때

1. 마른 걸레로 물기를 닦아낸다.
2. 베이킹소다 가루를 뿌리고, 손가락으로 문지른다.
3. 약 1시간 동안 그대로 놔두고, 베이킹소다 가루가 마르면 청소기로 빨아낸다.

카펫에 붙어 있는 집먼지진드기 없애기

살균 작용이 있는 로즈마리와 제라늄 등 에센셜 오일이 카펫 등에 붙어 있는 집먼지진드기 등의 해충을 없애는 데 효과적입니다.

1. 베이킹소다 가루에 로즈마리 또는 제라늄 오일을 몇 방울 뿌린다.
2. 카펫에 바르고 문질러서 약 1시간 동안 그대로 놔둔다.
3. 청소기로 2를 빨아낸다.

준비물
- 베이킹소다 가루: 적당량
- 로즈마리 또는 제라늄 오일: 적당량
- 청소기

사용 빈도 1주일 간격

카펫 – 껌 자국 없애기

손으로 떼어내려고 하면 도리어 달라붙어 좀처럼 떼기 어려운 껌은 구연산수를 분무기로 뿌리면 간단히 분리할 수 있습니다.

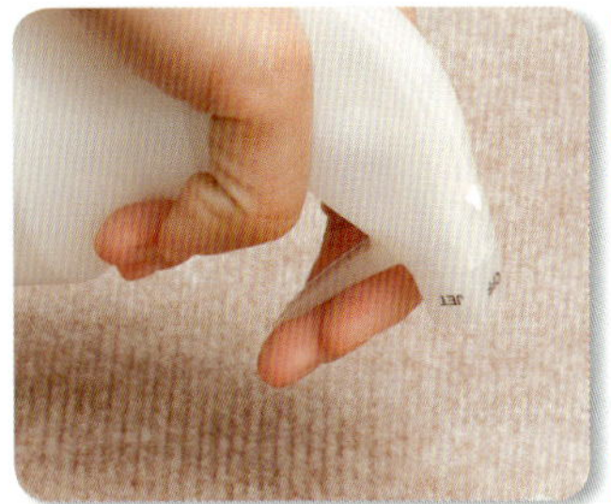

준비물
• 구연산수: 적당량
• 걸레

사용 빈도 ▶ 껌이 달라붙었을 때

① 껌의 큰 덩어리를 떼어낸다.
② 구연산수를 분무기로 뿌려서 약 10분 동안 놔둔다.
③ 걸레로 남아 있는 껌을 문질러 떼어낸다.

카펫 – 담뱃재 자국 닦기

잠깐 부주의해서 담뱃재를 카펫에 떨어뜨려도 베이킹소다 가루를 뿌리면 깨끗해집니다. 탈취 효과도 기대할 수 있습니다.

준비물
• 베이킹소다 가루: 적당량
• 칫솔
• 청소기

사용 빈도 ▶ 담뱃재가 떨어졌을 때마다

① 담뱃재 자국이 난 부분에 베이킹소다 가루를 뿌리고 약 10분 동안 놔둔다.
② 칫솔로 문질러 닦는다.
③ 청소기로 빨아낸다.

합성수지 매트 관리

부드러운 쿠션 매트는 흠집이 나기 쉽습니다. 흠집이 난 곳은 베이킹소다 페이스트로 닦아서 광택을 되살리세요.

준비물
• 베이킹소다 페이스트: 적당량
• 걸레

사용 빈도 ▶ 더러워졌을 때

① 검게 더러워진 부분에 베이킹소다 페이스트를 올린다.
② 흠집이 난 곳에 스며들도록 손가락으로 문지른다.
③ 때를 닦으면 물기를 꼭 짠 걸레로 닦는다.

수제 방향제로 깨끗한 공기를 만들자

베이킹소다 가루를 병에 넣고 수제 탈취제를 만드세요. 베이킹소다의 강력한 탈취 효과 때문에 불쾌한 냄새도 빨아들여 없앱니다. 취향에 맞는 방향유를 떨어뜨려서 향기를 즐기고 기분 전환 효과도 낼 수 있습니다.

준비물
• 베이킹소다 가루: 적당량
• 방향유(자신의 취향대로): 3~4방울
• 병(입구가 큰 것)

① 베이킹소다를 병의 80%까지 넣는다.
② 방향유를 3~4방울 떨어뜨린다.

나무 마룻바닥 관리

광이 나는 마룻바닥을 계속 깨끗하게 유지하기 위해서는 베이킹소다 페이스트와 구연산수를 함께 쓰면 효과가 있습니다.

준비물
- 베이킹소다 페이스트: 적당량
- 구연산수: 적당량
- 대걸레(1회용 청소포 사용)　• 걸레

사용 빈도 1주일 간격

❶ 대걸레 청소포에 구연산수를 묻히고, 걸레로 바닥을 닦는다.
❷ 특히 지저분한 곳에는 베이킹소다 페이스트를 바른다.
❸ 약 10분 동안 그대로 놔두고, 때가 불면 구연산수를 분무기로 뿌리고 젖은 걸레로 닦는다.

벽 때 닦기

먼지와 냄새뿐만 아니라 벽에는 모르는 새에 때가 낍니다. 그럴 때는 베이킹소다수와 구연산수로 구석까지 깨끗하게 닦아내세요.

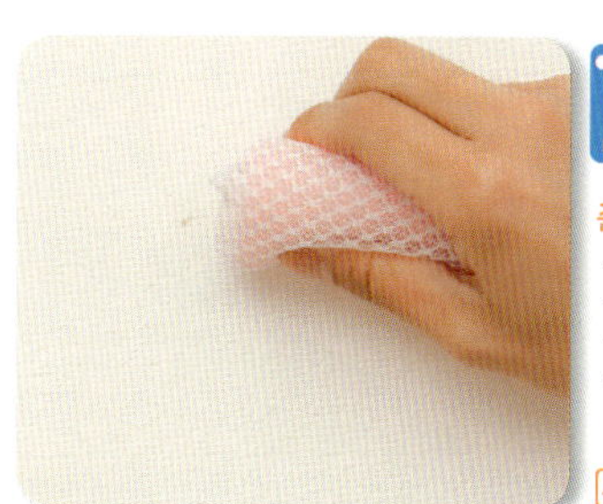  

준비물
- 베이킹소다수: 적당량
- 구연산수: 적당량
- 스펀지
- 걸레

사용 빈도 그때그때

❶ 스펀지에 베이킹소다수를 분무기로 뿌려서 벽을 닦는다.
❷ 걸레에 구연산수를 분무기로 뿌려서 두드리듯이 벽을 닦는다.
❸ 마른 걸레로 물기를 닦아낸다.

천장 때 닦기

천장에는 습기와 냄새가 잘 쌓이는 곳이기 때문에 정기적으로 청소하세요. 손이 닿기 어려운 경우에는 대걸레를 사용하면 편합니다.

준비물
- 베이킹소다수: 적당량
- 먼지떨이
- 대걸레(1회용 청소포 사용)

사용 빈도 1~2 주일 간격

❶ 먼지떨이로 먼지를 털어낸다.
❷ 대걸레 청소포에 베이킹소다수를 분무기로 뿌려서 천장을 닦아낸다.

> **에코 포인트**
> 너무 힘 줘서 문지르지 말고, 살살 털어내세요.

전등 스위치 때 닦기

손때가 잔뜩 묻은 스위치는 내버려두면 거무스름해집니다. 변색되기 전에 구연산수로 정기적으로 청소하세요!

준비물
- 구연산수: 적당량
- 걸레
- 스펀지

사용 빈도 1~2 주일 간격

❶ 마른 걸레로 먼지를 턴다.
❷ 스펀지에 구연산수를 분무기로 뿌려서 때를 문지른다.
❸ 마른 걸레로 습기를 닦아낸다.

유리창 닦기

유리창의 손때와 물방울에 맺힌 먼지는 구연산수로 청소해서 방을 밝게 만드세요.

준비물
- 구연산수: 적당량
- 걸레

사용 빈도 - 1주일 간격

1. 마른 걸레로 닦고 먼지를 털어낸다.
2. 전체적으로 구연산수를 분무기로 뿌린다.
3. 마른 걸레로 물기를 닦아낸다.

섀시 관리

평소에는 눈에 잘 띄지 않아 청소도 자주 하지 않게 되는 것이 섀시이다. 구석진 곳의 때는 칫솔을 사용해서 구석구석까지 청소하세요.

준비물
- 베이킹소다 페이스트: 적당량
- 구연산수: 적당량
- 걸레
- 칫솔

사용 빈도 - 1개월 간격

1. 마른 걸레로 닦고 먼지와 흙을 털어낸다.
2. 칫솔로 베이킹소다 페이스트를 바르고 문지른다.
3. 구연산수에 적신 걸레로 때를 닦아낸다.

방충망 닦기

방충망 사이에는 보이지 않는 먼지가 많이 끼어 있습니다. 베이킹소다 가루로 청소하면 방 공기도 상쾌해집니다.

준비물
- 베이킹소다 가루: 적당량
- 스펀지
- 걸레

사용 빈도 - 2주일 간격

1. 젖은 스펀지에 베이킹소다 가루를 뿌린다.
2. ❶로 방충망의 때를 닦는다.
3. 마른 걸레로 닦아낸다.

방충망의 찌든 때 닦기

방충망에 들러붙은 찌든 때는 세제와 구연산수를 이용해서 철저하게 청소하세요.

준비물
- 구연산수: 적당량
- 비누: 적당량
- 청소 솔
- 걸레

사용 빈도 - 1개월 간격

1. 비누 거품을 솔에 묻히고, 방충망을 문지른다.
2. 전체적으로 구연산수를 분무기로 뿌린다.
3. 마른 걸레로 물기를 닦아낸다.

블라인드 닦기

청소하기 어려운 블라인드에는 먼지떨이와 걸레를 사용하면 간단히 먼지를 닦아낼 수 있습니다.

준비물
- 베이킹소다 가루: 적당량
- 비누: 적당량
- 먼지떨이
- 걸레

사용 빈도 · 2 주일 간격

① 먼지떨이로 먼지를 턴다.
② 걸레에 비누 거품과 베이킹소다 가루를 묻혀서 블라인드를 부드럽게 문지른다.
③ 마른 걸레로 닦는다.

블라인드의 찌든 때 닦기

블라인드의 찌든 때는 베이킹소다 가루와 목장갑을 사용해 청소하세요. 집중적으로 청소 할 때 편해요.

준비물
- 베이킹소다 가루: 적당량
- 식초: 적당량
- 세제: 적당량
- 목장갑 · 걸레

사용 빈도 · 1 개월 간격

① 세제를 물에 조금 녹여서 목장갑의 한쪽 손가락 끝을 적신다.
② 손가락 끝에 베이킹소다 가루를 묻힌다.
③ 블라인드 살을 하나씩 손가락으로 잡고, 때를 닦는다.
④ 식촛물을 뿌리고 마른 걸레로 닦는다.

창살문 관리

먼지가 쌓이기 쉬운 문살 청소에는 베이킹소다 가루가 효과적입니다. 청소할 때 포인트는 걸레의 물기를 꼭 짜야 합니다.

준비물
- 베이킹소다수(베이킹소다 가루 1/4컵, 물 2리터): 적당량
- 걸레

사용 빈도 · 1 개월 간격

① 베이킹소다수로 걸레를 적시고, 유리창을 닦는다.
② 먼지를 털어낸 다음에 마른 걸레로 물기를 닦는다.

입지 않는 옷 재활용

일반적으로 먼지를 털 때는 먼지떨이를 사용하지만, 안 신는 양말을 대용으로 사용할 수 있습니다. 양말을 손에 끼고 위에서 아래로 먼지를 털면 깨끗해집니다. 아이에게 도와달라고 시켜도 재미있게 할 수 있는 양말 장갑을 부모와 아이가 함께 청소할 때 활용해 보세요.

커튼 관리

음식과 담배 냄새 등이 배기 쉬운 커튼은 매일 초저녁 즈음에 청소하면 실내 공기가 상쾌해집니다.

준비물
- 베이킹소다수: 적당량
- 먼지떨이

사용 빈도 1주일 간격

① 먼지떨이로 먼지를 턴다.
② 전체적으로 베이킹소다수를 분무기로 뿌린다.
③ 커튼 전체를 펼쳐 놓은 채로 말린다.

커튼의 찌든 때 빼기

냄새뿐만 아니라 먼지와 때가 심한 경우에는 베이킹소다 페이스트가 효과적입니다. 물빨래를 하면 기분까지 상쾌해집니다.

준비물
- 베이킹소다 페이스트: 적당량
- 솔

사용 빈도 그때그때

① 때가 심한 부분에 베이킹소다 페이스트를 바른다.
② 약 10분 동안 놔두었다가 베이킹소다 페이스트가 마르면 솔로 문지른다.
③ 그대로 세탁기에 넣어 빨래한다.

패브릭 소파 냄새 없애기

천 소파는 쉽게 냄새가 배고, 사이사이에 먼지가 쌓입니다. 정기적으로 청소해서 냄새와 때를 없애세요.

준비물
- 베이킹소다 가루: 적당량
- 청소기

사용 빈도 그때그때

① 소파 전체에 베이킹소다 가루를 뿌린다.
② 베이킹소다 가루를 살살 두드리면서 문지르고, 약 1시간 동안 그대로 놔둔다.
③ 청소기로 베이킹소다 가루를 빨아낸다.

가죽 소파 관리

섬세한 소재인 가죽 소파의 때는 잘 보이지 않는데, 베이킹소다 페이스트를 사용해서 부드럽게 청소하세요.

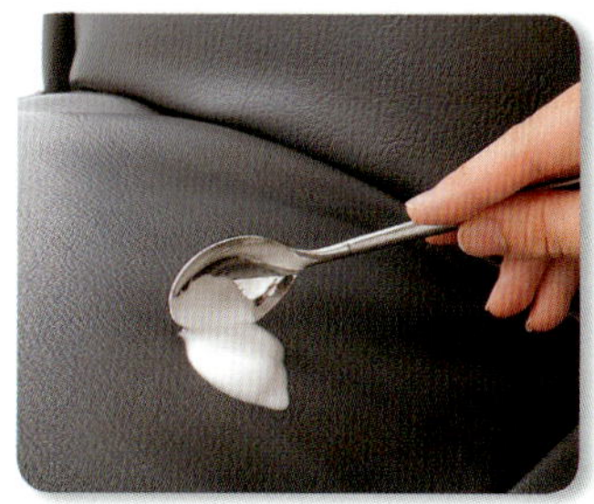

준비물
- 베이킹소다 페이스트: 적당량
- 걸레
- 가죽용 왁스

사용 빈도 그때그때

① 소파의 때가 탄 부분에 베이킹소다 페이스트를 바르고, 하룻밤 동안 놔둔다.
② 젖은 걸레로 때를 닦는다.
③ 마른 걸레로 가죽용 왁스를 바른다.

의자 때 닦기

의자의 때는 베이킹소다수로 닦으면 반짝반짝 윤이 납니다. 표면의 가공된 부분과 금속 부분은 베이킹소다수를 적신 걸레로 청소하세요.

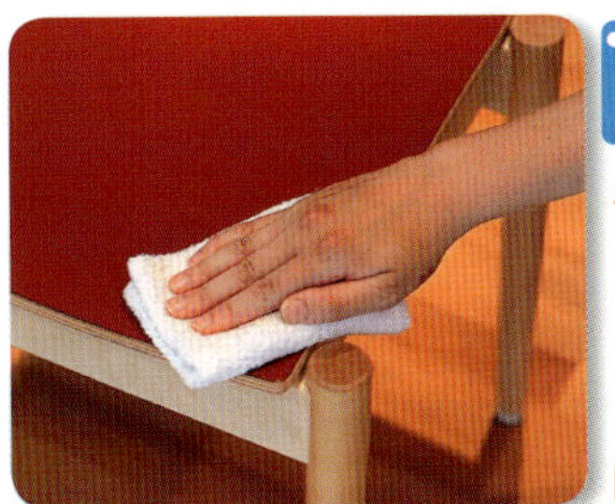

준비물
• 베이킹소다수: 적당량
• 걸레

사용 빈도 ▸ 그때그때

● 마른 걸레로 베이킹소다수를 분무기로 뿌려서 때가 낀 부분을 닦는다.

에코 포인트
때가 심한 경우는 그 부분에 직접 베이킹소다수를 분무기로 뿌리면 효과적입니다.

쿠션 냄새 없애기

냄새가 배기 쉬운 쿠션도 베이킹소다로 깨끗하게 한다. 베이킹소다수가 틈틈이 낀 먼지를 남기지 않고 잡아냅니다.

준비물
• 베이킹소다수: 적당량

사용 빈도 ▸ 1주일 간격

❶ 먼지를 손으로 턴다.
❷ 베이킹소다수를 분무기로 뿌리고 말린다.

모포 냄새 없애기

서랍에서 꺼낸 모포에서 곰팡이 냄새가 날 때도 베이킹소다를 뿌리면, 냄새를 없애고, 살균 효과도 기대할 수 있습니다.

준비물
• 베이킹소다 가루: 적당량
• 청소기

사용 빈도 ▸ 그때그때

❶ 모포에 전체적으로 베이킹소다 가루를 꼼꼼하게 뿌린다.
❷ 그 상태에서 모포를 두드려, 약 2시간 동안 그대로 놔둔다.
❸ 베이킹소다 가루를 청소기로 빨아내고, 바깥 그늘진 곳에서 말린다.

옷장 냄새 없애기

통풍이 잘 안 되고 냄새가 나는 옷장은 베이킹소다 가루 탈취제로 냄새와 습기를 막을 수 있습니다.

준비물
• 베이킹소다 가루: 적당량
• 병(입구가 넓은 것)
• 통기성이 좋은 천
• 끈

사용 빈도 ▸ 2~3 개월 간격

❶ 입구가 넓은 병에 베이킹소다 가루를 가득 넣는다.
❷ 병 입구를 천으로 덮고, 끈으로 묶는다.
❸ 옷장에 넣는다.

테이블 관리

그냥 물걸레로 닦이지 않는 찌든 때는 스펀지에 베이킹소다 가루를 묻혀서 문지르면 윤이 납니다.

베이킹소다 가루

준비물
- 베이킹소다 가루: 적당량
- 스펀지
- 걸레(행주)

사용 빈도 — 그때그때

❶ 젖은 스펀지에 베이킹소다 가루를 뿌리고, 얼룩진 부분을 문지른다.
❷ 걸레(행주)로 베이킹소다 가루를 깨끗이 닦아낸다.

주의
표면을 가공하지 않은 목제 제품 등에는 사용하지 마세요!

유리 테이블 관리

손때와 먼지가 눈에 잘 띄는 유리 테이블은 베이킹소다수로 청소하세요. 얼룩을 지우고, 반짝반짝 윤이 납니다.

베이킹소다수

준비물
- 베이킹소다수: 적당량
- 스펀지
- 걸레

사용 빈도 — 그때그때

❶ 유리 테이블에 베이킹소다수를 분무기로 뿌린다.
❷ 스펀지로 때를 문질러 닦는다.
❸ 마른 걸레로 물기를 닦아낸다.

재떨이 냄새 없애기

담배 냄새는 실내의 천 제품에 스며듭니다. 베이킹소다 가루로 냄새를 줄이고, 공기를 깨끗하게 유지하세요.

베이킹소다 가루

준비물
- 베이킹소다 가루: 적당량

사용 빈도 — 재떨이 사용시

❶ 재떨이를 사용하기 전에 베이킹소다 가루를 새로 뿌린다.
❷ 쌓인 담뱃재 냄새가 신경 쓰일 때는 그때마다 새것으로 갈아 뿌린다.

나무 마루와 가구에 요주의!

나무 마루와 책상 등 표면에 가공이 되어 있는 물건에는 요주의해 주세요. 베이킹소다에는 연마 작용이 있기 때문에 왁스가 벗겨지거나 흠집이 나거나 하면, 나무 마루와 책상을 못 쓰게 됩니다. 이것이 걱정스러울 때는 눈에 잘 띄지 않는 곳에 테스트해 보고 나서 사용하세요.

조명기구 관리

조명기구에는 미처 모르는 사이에 먼지과 기름때가 쌓입니다. 베이킹소다 가루로 때를 제거하면 조명이 밝아집니다.

준비물
- 베이킹소다 가루: 적당량
- 구연산수: 적당량
- 걸레

사용 빈도 - 2주일 간격

1. 마른 걸레로 먼지를 털어낸다.
2. 걸레에 구연산수를 분무기로 뿌려 닦는다. (기름때는 걸레에 베이킹소다 가루를 뿌려서 닦는다.)
3. 마른 걸레로 물기를 닦아낸다.

전등갓 청소

전등갓에 쌓인 먼지에는 베이킹소다수를 뿌리고, 걸레로 부드럽게 닦아내세요.

준비물
- 베이킹소다수(베이킹소다 가루 1큰술, 물 1컵): 적당량
- 분무기
- 걸레

사용 빈도 - 1주일 간격

1. 베이킹소다 가루를 물에 넣고 섞어서, 잘 녹인다.
2. 분무기에 넣은 베이킹소다수를 전등갓에 뿌리고 걸레로 닦는다.

주의
베이킹소다수를 뿌릴 때 전등 부분에 직접 닿지 않도록 주의하세요.

에어컨 청소

에어컨에서 불쾌한 냄새가 나거나 먼지가 떨어지기 전에 제때에 청소를 해서 상쾌한 바람이 나오게 하세요.

준비물
- 베이킹소다수(베이킹소다 가루 1큰술, 물 1컵): 적당량
- 걸레

사용 빈도 - 1개월 간격

1. 베이킹소다 가루를 물에 넣고 잘 녹인다.
2. 걸레에 베이킹소다수를 적신다.
3. 더러운 부분을 걸레로 닦는다.

가습기를 깨끗이 관리

실내 습도를 적절히 맞춰주는 가습기에서 곰팡이 냄새가 나지 않게 하려면 베이킹소다 가루를 물에 탑니다.

준비물
• 베이킹소다 가루(물 1컵에 1큰술): 적당량

사용 빈도 그때그때

❶ 가습기 물통에 베이킹소다 가루를 뿌린다.
❷ 잘 섞고 나서 본체에 조립한다.

에코 포인트
라벤더 등의 에센셜 오일을 몇 방울 떨어뜨리면 실내에 좋은 향기가 퍼집니다.

청소기 냄새 없애기

청소기에서 불쾌한 냄새가 나지 않게 하려면, 먼지 주머니를 새로 넣을 때에 베이킹소다 가루를 넣어서 해결하세요.

준비물
• 베이킹소다 가루: 적당량

사용 빈도 먼지 주머니를 교체할 때

❶ 교체하기 전에 청소기 먼지 주머니 속에 베이킹소다 가루를 뿌린다.
❷ 베이킹소다 가루가 쏟아지지 않게 먼지 주머니를 끼워 넣는다.

텔레비전 · 오디오 등의 먼지 닦기

깨끗하게 관리하고 싶은 텔레비전과 오디오 등 가전의 때는 걸레를 베이킹소다수에 적셔서 꼭 짠 뒤에 닦으세요.

준비물
• 베이킹소다수(베이킹소다 가루 1큰술, 물 1컵): 적당량

사용 빈도 1주일 간격

❶ 베이킹소다 가루를 물에 넣어 섞고, 잘 녹인다.
❷ 걸레에 베이킹소다수를 적시고, 물기를 꼭 짠다.
❸ 걸레로 부드럽게 살살 닦아낸다.

주의
텔레비전 화면은 닦지 마세요 고장 날 염려가 있습니다.

컴퓨터 관리

컴퓨터의 키보드에는 눈에 보이지 않는 손때가 많이 묻어 있습니다. 걸레에 베이킹소다수를 적셔서 구석구석 닦으세요.

준비물

• 베이킹소다수(베이킹
  소다 가루 1큰술, 물
  1컵): 적당량

사용 빈도 - 1개월 간격

① 베이킹소다 가루를 물에 넣어서 섞고, 잘 녹인다.
② 걸레를 베이킹소다수에 적셔서, 물기를 꼭 짠다.
③ 화면은 닦지 말고, 키보드와 그 주변을 부드럽게 닦는다.

마우스 볼을 매끄럽게

마우스는 항상 손에 쥐고 있어서 더러워지기 쉽습니다. 바깥의 때뿐만 아니라 마우스 볼도 걸레로 닦아서 매끄럽게 사용하세요.

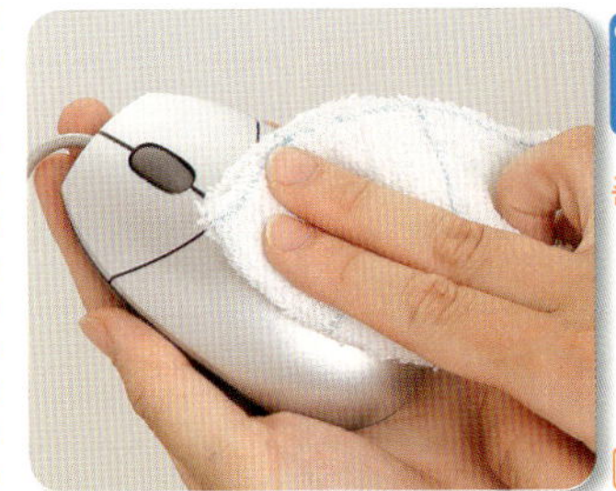

준비물

• 베이킹소다수(베이킹
  소다 가루 1큰술, 물
  1컵): 적당량
• 걸레

사용 빈도 - 1개월 간격

① 베이킹소다 가루를 물에 뿌려 섞고, 잘 녹인다.
② 베이킹소다수에 걸레를 적시고, 물기를 꼭 짠다.
③ 마우스 표면과 분리한 마우스 볼의 때를 닦는다.

휴대 게임기 관리

휴대 게임기의 작은 버튼 틈새에는 먼지가 끼기 쉽고, 손때도 낍니다. 면봉을 사용해서 조심스럽게 청소하세요.

준비물

• 베이킹소다수: 적당량
• 면봉
• 걸레

사용 빈도 - 더러울 때

① 베이킹소다수를 분무기로 뿌린
   뒤 면봉으로 때를 닦는다.
② 마른 걸레로 물기를 닦아낸다.

주의
물기가 너무 많으면 고장이 날 수도 있기 때문에, 물기를 확실히 닦아내세요.

러그 · 매트를 깨끗하게 관리하려면 ……

러그나 매트를 깔기 전에 밑에 베이킹소다 가루를 뿌려 두면, 깨끗하게 관리할 수 있습니다. 또 부분적인 때에는 베이킹소다 페이스트로 대처하세요.

준비물

• 베이킹소다 페이스트:
  적당량
• 걸레

사용 빈도 - 더러울 때

① 더러워진 부분에 베이킹소다 페이스트를 묻힌다.
② 걸레로 잘 문지른다.
③ 페이스트가 때를 빨아들여 부슬부슬해지면 청소기로 빨아낸다.

다리미의 눌은 자국 없애기

다리미에는 풀 등의 찌꺼기가 붙어 있습니다. 사용하고 나면 바로 청소해서 옷에 묻지 않게 하세요.

준비물
• 베이킹소다 페이스트: 적당량
• 걸레

사용 빈도 그때그때

① 마른 걸레로 먼지를 닦는다.
② 베이킹소다 페이스트를 더러운 곳에 묻히고, 약 10분 동안 그대로 놔둔다.
③ 젖은 걸레로 닦아낸다.

걸레 냄새 없애기

청소에 사용할 걸레가 더럽다면 모처럼 청소를 해도 보람이 없습니다. 베이킹소다수에 담가서 청결을 유지하세요.

준비물
• 베이킹소다 가루: 적당량
• 물: 적당량
• 대야

사용 빈도 매일

① 청소에 사용한 뒤에 물로 빱니다.
② 물을 부은 대야 속에 베이킹소다 가루를 뿌리고, 물로 빤 걸레를 넣어서 약 10분 동안 그대로 놔둔다.
③ 물로 잘 헹구고, 펼쳐서 말린다.

스펀지 · 수세미 때 없애기

청소에 사용한 스펀지와 수세미는 그때그때 베이킹소다수에 담가서, 틈틈이 끼어 있는 때를 없애세요.

준비물
• 베이킹소다수: 적당량
• 대야
• 스펀지
• 수세미

사용 빈도 매일

① 대야에 베이킹소다수를 넣는다.
② 스펀지와 수세미를 베이킹소다수에 하룻밤 동안 담가둔다.
③ 물로 잘 씻어서 말린다.

쓰레기통 냄새 없애기

쓰레기통의 퀴퀴한 냄새에는 베이킹소다 가루를 골고루 뿌리세요. 냄새의 원인인 미생물 번식도 막을 수 있고 위생적입니다.

준비물
• 베이킹소다 가루: 적당량

사용 빈도 그때그때

● 쓰레기통을 열어서 베이킹소다 가루를 2~3회 뿌린다.

주의
베이킹소다 가루를 한 번에 너무 많이 뿌리지 마세요. 살짝 뿌려도 효과는 같습니다.

바닥의 크레파스 낙서 지우기

물로만 닦아서는 잘 안 지워지는 크레파스 자국은 베이킹소다 가루를 사용하면 감쪽같이 깨끗해집니다. 자국이 보이면 바로 닦아내세요.

준비물
- 베이킹소다 가루: 적당량
- 구연산수: 적당량
- 스펀지
- 걸레

사용 빈도 - 그때그때

❶ 자국이 있는 부분에 베이킹소다 가루를 뿌린다.
❷ 젖은 스펀지로 때를 문질러 닦는다.
❸ 구연산수를 분무기로 뿌리고, 마른 걸레로 물기를 닦아낸다.

방문과 벽의 낙서 지우기

크레파스와 각종 펜으로 한 낙서도 베이킹소다 가루를 사용하면 금세 지울 수 있습니다. 흠집이 나지 않도록 부드럽게 문지르세요.

준비물
- 베이킹소다 가루: 적당량
- 걸레

사용 빈도 - 그때그때

❶ 젖은 걸레에 베이킹소다 가루를 뿌린다.
❷ ❶로 더러운 부분을 문지른다.
❸ 걸레를 적셔서 물기를 꼭 짠 뒤에 닦아낸다.

책상 위 스티커 벗기기

가구와 책상에 붙은 스티커도 포기하지 마세요. 베이킹소다 페이스트로 문지르면 깨끗하게 벗겨집니다. 끈적임도 깨끗이 없앨 수 있습니다.

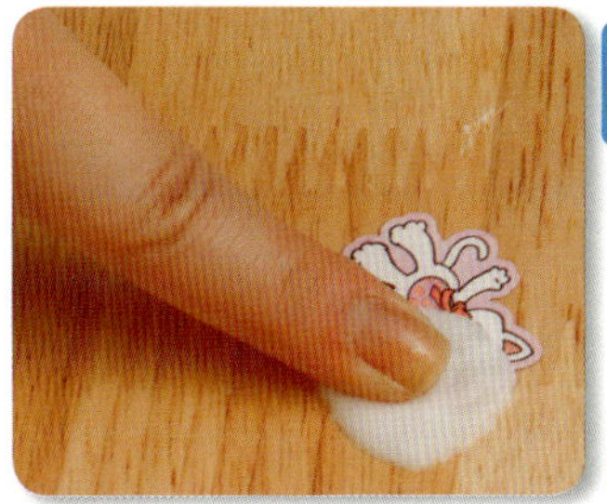

준비물
- 베이킹소다 페이스트: 적당량
- 걸레

사용 빈도 - 그때그때

❶ 베이킹소다 페이스트를 스티커에 바르고, 원을 그리듯이 문지른다.
❷ 약 1시간 동안 그대로 놔두고, 젖은 걸레로 닦아낸다.

현관 에코 청소

Entrance

소중한 가족이 집에 돌아올 때도 손님이 찾아올 때도 통과하는 곳이 현관입니다.
먼지와 냄새를 베이킹소다로 깨끗하게 청소하고 기분 좋게 맞이하세요.

현관 바닥 닦기

현관 바닥의 찌든 때는 베이킹소다 가루로 필요한 곳만 집중 청소하면 물을 뿌리는 수고를 생략해도 됩니다.

준비물

- 베이킹소다 가루: 적
  당량
- 스펀지
- 칫솔
- 물
- 걸레
- 종이 타월

사용 빈도 그때그때

에코 포인트
베이킹소다 가루로 청소
를 할 때는 지나치게 힘을
줘서 문지르지 않도록 하
세요.

❶ 지저분한 곳 전체에 베이
킹소다 가루를 뿌린다.

❷ 젖은 스펀지로 문지른다.

❸ 타일 줄눈은 칫솔로 부드
럽게 문지른다.

❹ 분무기로 물을 듬뿍 뿌
린다.

❺ 마른 걸레로 베이킹소다
가루를 닦아낸다.

❻ 종이 타월로 물기를 닦아
내고, 건조시킨다.

현관 청소

흙과 먼지는 신발에 묻은 채 현관까지 들어옵니다. 베이킹소다 가루로 흙먼지도 깨끗하게 닦아내세요.

준비물
- 베이킹소다 가루: 적당량
- 스펀지

사용 빈도 - 3 일간격

❶ 현관 전체에 베이킹소다 가루를 뿌린다.
❷ 젖은 스펀지로 때를 문지른다.
❸ 물로 씻어낸다.

현관 냄새 없애기

집 입구, 현관에 밴 냄새는 베이킹소다 분무기로 해결하세요. 냄새 제거 효과 외에도 살균 효과도 있습니다.

준비물
- 베이킹소다수(베이킹소다 가루 1큰술, 물 1컵): 적당량
- 분무기

사용 빈도 - 그때그때

❶ 베이킹소다 가루를 물에 넣고 섞어서 잘 녹인다.
❷ 베이킹소다수를 분무기에 넣고, 현관 전체에 골고루 뿌린다.

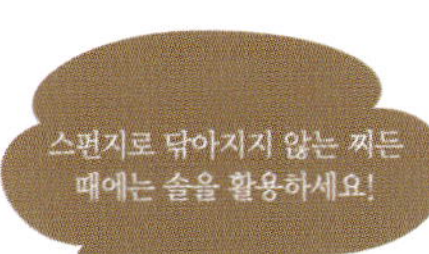

수제 냄새 제거제로 손님맞이

자신은 눈치 채지 못해도 손님들에게 느껴지는 것이 현관 냄새입니다. 베이킹소다로 항상 상쾌한 공기를 유지하세요.

준비물
- 베이킹소다 가루: 2컵
- 드라이 플라워(말린 꽃)
- 도기 또는 식기(입구가 넓은 것)

사용 빈도 - 3 일 간격

❶ 입구가 넓은 도기나 식기에 베이킹소다 가루를 넣는다.
❷ 위에 드라이 플라워를 얹는다.
❸ 신발장 위 등에 올려놓는다.

<table>
<tr><td>

신발장 닦기

신발장에는 그냥 닦기만 해서는 지워지지 않는 흙 자국과 먼지가 붙어 있습니다. 베이킹소다 가루로 때와 냄새를 한 번에 없애세요.

베이킹소다 가루

준비물
- 베이킹소다 가루: 적당량
- 칫솔
- 걸레

사용 빈도 · 1개월 간격

① 지저분한 부분에 베이킹소다 가루를 뿌린다.
② 젖은 칫솔로 때를 문질러 닦는다.
③ 마른 걸레로 베이킹소다 가루와 물기를 닦아낸다.

</td><td>

신발장 냄새 없애기

신발장에는 신발과 곰팡이 등 여러 가지 냄새가 섞여 있습니다. 환기만 해서는 해결되지 않습니다. 베이킹소다 가루를 넣어 두면 냄새를 없애고 항균도 할 수 있습니다.

베이킹소다 가루

준비물
- 베이킹소다 가루: 적당량
- 병(입구가 넓은 것)
- 천
- 끈

사용 빈도 · 2~3개월 간격

① 입구가 큰 병에 베이킹소다 가루를 넣는다.
② 바람이 잘 통하는 천을 덮고 끈으로 묶는다.

에코 포인트
베이킹소다 가루에 취향에 맞는 방향유를 떨어뜨려도 좋습니다. 좋아하는 향기를 즐기세요.

</td></tr>
</table>

베이킹소다로 신발 냄새도 완전히 제거!

현관에 늘어져 있는 신발에서 냄새가 나면 신경이 쓰입니다.
베이킹소다 가루를 이용해서 냄새를 없애고 상쾌하고 깨끗한 현관을 만드세요.

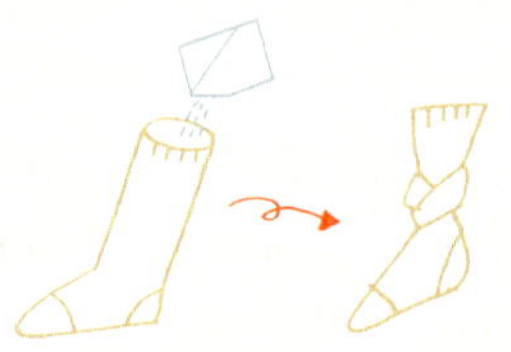

양말을 냄새 제거 주머니로!

낡은 양말의 발가락 부분에 베이킹소다 가루를 넣고, 발목 부분을 묶습니다. 하나씩 구두에 넣습니다.

베이킹소다 가루를 뿌려서!

외출했다가 돌아와서 신발을 벗었을 때, 베이킹소다 가루를 신발에 뿌려 둡니다. 다음 날 나갈 때에 베이킹소다 가루를 털어냅니다.

냄새 제거 주머니로!

베이킹소다 가루를 천조각에 싸서 끈으로 입구를 묶어서 탈취 주머니를 만듭니다. 하나씩 신발에 넣어 두세요.

현관 매트의 때 닦기

사람들 눈에 잘 띄는 현관 매트의 때는 보일 때마다 베이킹소다 가루로 관리해서 청결하게 유지하세요. 바로바로 처리하는 것이 중요합니다!

준비물
• 베이킹소다 가루: 적당량
• 청소기

사용 빈도 그때그때

1. 매트 전체에 베이킹소다 가루를 뿌린다.
2. 잘 문지르고 약 30분 동안 그대로 놔둔다.
3. 청소기로 베이킹소다 가루를 빨아낸다.

슬리퍼 살균

손님이 신는 슬리퍼는 항상 청결하게 관리해야 합니다. 사용 후에는 바로 베이킹소다수를 분무기로 뿌리는 습관을 들이세요.

준비물
• 베이킹소다수: 적당량
• 솔

사용 빈도 그때그때

1. 솔로 먼지를 턴다.
2. 베이킹소다수를 슬리퍼에 골고루 분무기로 뿌린다.

> **주의**
> 베이킹소다수를 분무기로 뿌린 뒤에는 말려서 보관하세요. 말리지 않으면 효과가 충분히 발휘되지 않습니다.

현관문 외부 매트의 때 닦기

현관문 외부 매트는 찌든 때가 많이 붙어 있습니다. 베이킹소다 가루를 뿌려서 때를 깨끗이 없애고, 청결한 상태를 유지하세요.

준비물
• 베이킹소다 가루: 적당량
• 빗자루

사용 빈도 그때그때

1. 매트 전체에 베이킹소다 가루를 뿌린다.
2. 빗자루로 매트 바닥 틈틈이 베이킹소다 가루가 묻게 하여, 약 30분 동안 그대로 놔둔다.
3. 물로 씻어낸다.

현관 밖 계단과 주차장이 얼었을 때

현관 주변은 겨울에 자칫 얼기 쉬운 곳입니다. 미끄러지지 않도록 하는 데에도 베이킹소다 가루가 도움이 됩니다. 베이킹소다 가루를 뿌려서 미리 대비하세요.

준비물
• 베이킹소다 가루: 적당량

사용 빈도 얼었을 때

• 베이킹소다 가루를 얼어붙은 곳에 뿌린다.

현관문 닦기

손님을 맞이하는 현관문은 항상 반짝반짝 닦아 두고 싶은 곳입니다. 손때로 쉽게 더러워지는 곳이기 때문에 매일 베이킹소다수로 청소해 주세요.

준비물
- 베이킹소다수: 적당량
- 걸레

사용 빈도▶매일

● 걸레에 베이킹소다수를 분무기로 뿌려서 때가 탄 부분을 문지른다. 손때가 심한 손잡이는 더 신경 써서 닦는다.

에코포인트
때가 심한 부분에는 베이킹소다수 분무기를 직접 뿌립니다. 더 깨끗하게 때를 닦아낼 수 있습니다.

우편함 닦기

우편함은 외부에 이어서 먼지가 많이 쌓입니다. 우편물을 꺼낼 때 청소도 함께하는 습관을 들이세요.

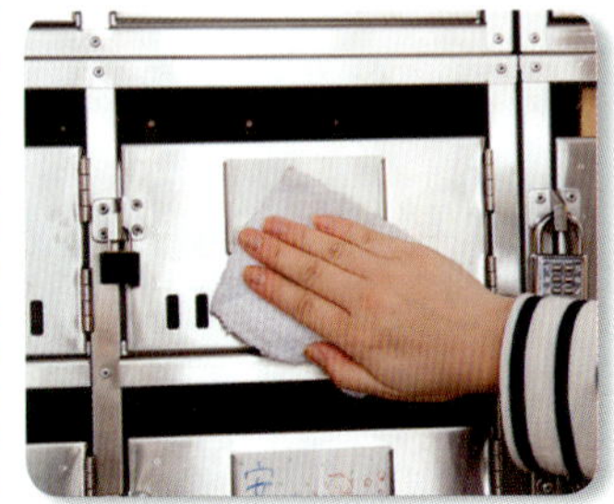

준비물
- 베이킹소다수: 적당량
- 구연산수: 적당량
- 걸레

사용 빈도▶매일

❶ 걸레에 베이킹소다수를 분무기로 뿌리고 지저분한 부분을 문지른다.
❷ 구연산수를 분무기로 뿌리고, 천으로 닦아낸다.

※심하게 더러운 부분은 베이킹소다수 분무기를 직접 뿌린다. 우편함에 베이킹소다를 넣어 두면, 수시로 청소를 할 수 있다!

문패 닦기

문패는 그 집의 얼굴과 마찬가지입니다. 항상 깨끗하게 해 두세요. 요철 부분은 면봉을 사용하면 좋습니다!

준비물
- 베이킹소다수: 적당량
- 면봉
- 걸레

사용 빈도▶더러워졌을 때

❶ 요철 사이사이에 쌓인 먼지를 면봉으로 긁어낸다.
❷ 더러워진 부분에 베이킹소다수를 분무기로 뿌린다.
❸ 마른 걸레로 물기를 닦으면서 청소한다.

에어컨 실외기 닦기

외부에 노출되어 있는 실외기는 구석구석 청소를 하지 않으면 검게 때가 낍니다. 부드러운 스펀지로 정기적으로 청소하세요.

준비물
- 베이킹소다 가루: 적당량
- 스펀지
- 걸레

사용 빈도▶1개월 간격

❶ 젖은 스펀지에 베이킹소다 가루를 뿌린다.
❷ 실외기의 지저분한 부분을 잘 문지른다.
❸ 마른 걸레로 베이킹소다 가루를 닦아낸다.

구둣주걱 관리

구둣주걱은 방치해 두면 온갖 잡균이 번식합니다. 신발장 청소를 할 때마다 베이킹소다수를 분무기로 뿌려 두세요.

준비물
- 베이킹소다수
- 걸레

사용 빈도 ▶ 그때그때

❶ 걸레에 베이킹소다수를 분무기로 뿌려서 때를 닦는다.
❷ 마른 걸레로 물기를 닦아낸다.

우산 관리

우산은 젖은 채로 놔두면 곰팡이가 생길 수 있습니다. 잘 말린 뒤에 베이킹소다수로 닦아서 청결을 유지하세요,

준비물
- 베이킹소다수(베이킹소다 가루 1큰술, 물 1컵): 적당량
- 걸레

사용 빈도 ▶ 사용한 뒤

❶ 걸레를 베이킹소다수에 적신다.
❷ 약 10분 정도 그대로 놔두었다가 걸레로 닦아낸다.

에코포인트
비닐 우산에 베이킹소다를 뿌려 두면, 다음에 사용할 때에 펼치기 쉬워집니다. 살균 효과까지 있어서 일거양득이지요!

아파트와 다세대 주택의 현관 청소에는 식촛물 분무기로!

물로 씻어내기 곤란한 공동 주택의 현관은 식촛물로 청소하면 효과가 높습니다. 모두 함께 사용하는 공간인 만큼 항상 깨끗하게 관리하세요.

준비물
- 베이킹소다 가루: 적당량
- 식촛물: 적당량
- 스펀지
- 걸레

사용 빈도 ▶ 1주일 간격

❶ 현관의 지저분한 부분에 베이킹소다 가루를 뿌린다.
❷ 물에 적신 스펀지로 때를 문지른다.
❸ 빗자루로 베이킹소다를 쓸어낸다.
❹ 식촛물을 분무기로 뿌리고, 마른 걸레로 닦는다.

가죽구두 관리

구두에 묻은 때는 구두약을 바르기 전에 베이킹
소다 가루로 부드럽게 문지르면 베이킹소다의
연마 효과로 반짝반짝 윤이 납니다.

준비물
- 베이킹소다 가루: 적
  당량
- 걸레

사용 빈도 그때그때

❶ 구두에 베이킹소다 가루를 뿌린다.
❷ 젖은 걸레로 부드럽게 때를 닦는다.
❸ 마른 걸레로 물기를 잘 닦아낸다.

운동화 관리

땀 등 좀처럼 지워지지 않은 스니커즈 때와 냄새
도 베이킹소다 페이스트가 해결해 줍니다. 살균
과 탈취 효과도 확실해요!

준비물
- 베이킹소다 페이스트:
  적당량
- 칫솔
- 걸레

사용 빈도 그때그때

❶ 더러워진 부분에 베이킹소다 페이스트를 묻힌다.
❷ 칫솔로 때를 문질러 닦는다.
❸ 마른 걸레로 베이킹소다 페이스트를 닦아낸다.

신발 끈이 엉키지 않게

계속 묶여 있던 신발 끈은 딱딱하게 뭉쳐 잘 풀
어지지 않습니다. 그럴 때는 베이킹소다 가루를
사용하면 잘 풀립니다.

준비물
- 베이킹소다 가루: 적
  당량

사용 빈도 그때그때

❶ 베이킹소다 가루를 엄지와 집게손가락 끝에 묻힌다.
❷ 끈 매듭의 딱딱한 부분을 문지른다.
❸ 끈을 풀면 베이킹소다 가루를 털어낸다.

신발 상자의 항균

신발 상자는 계절이 지난 신발을 정리할 때 사용
합니다. 항균을 위해서 베이킹소다 가루를 신발
상자에 뿌려 둡니다.

준비물
- 베이킹소다 가루: 적
  당량

사용 빈도 그때그때

❶ 베이킹소다 가루를 신발 상자에 뿌린다.
❷ 신발을 상자에 넣는다.

빨래와 에코 청소
Laundry

옷에 밴 냄새와 때!
지우기 어려운 때나 냄새도 베이킹소다만 있으면 해결됩니다.
목적에 따라서 사용하면 깔끔하게 빨 수 있습니다.

일상복의 때 없애기

베이킹소다 가루가 비누 찌꺼기와 뻣뻣함을 없애줘, 빨래한 뒤에 옷의 착용감이 좋아집니다.

준비물
- 베이킹소다 가루: 100g
- 구연산 가루: 5g
- 액체 비누: 50ml
- 물: 50리터

사용 빈도 · 그때그때

에코 포인트
베이킹소다 가루를 사용하면 세제량을 평소 사용량의 30% 정도 절감할 수 있습니다.

① 세탁기에 물을 받고, 빨랫감을 넣는다

② 베이킹소다 가루를 넣는다.

③ 액체 비누를 넣는다.

④ 베이킹소다 가루가 녹은 것을 확인하고 시작 버튼을 누른다.

⑤ 헹굼을 할 때 구연산 가루를 넣고, 마지막까지 세탁한다.

드럼 세탁기의 경우

물 25리터에 베이킹소다 가루 50~100g을 넣고, 섬유유연제를 넣을 경우에 식초 25~50ml를 넣고 빱니다. 베이킹소다 가루가 녹으면 일단 멈추고, 액체 세제 50ml를 넣어서 다시 빨래합니다. 빨랫감은 4kg까지 하세요.

와이셔츠의 가벼운 때 없애기

와이셔츠의 칼라와 소매 끝은 피지로 쉽게 더러워지기 때문에 베이킹소다 가루를 사용해서 매일 관리하는 것이 중요합니다.

준비물
- 베이킹소다 가루: 적당량
- 구연산수: 적당량
- 빨래망

사용 빈도 ▶ 그때그때

① 더러워진 곳에 베이킹소다 가루를 뿌린다.
② 구연산수를 분무기로 뿌린다.
③ 빨래망에 넣어서 세탁기에서 빤다.

와이셔츠의 찌든 때 없애기

특히 더러운 곳에는 베이킹소다 가루에 세제를 섞어서 사용하면 효과적입니다. 세정력이 뛰어나고 때가 잘 지워집니다.

준비물
- 베이킹소다 가루: 적당량
- 액체 비누: 적당량
- 빨래망

사용 빈도 ▶ 얼룩이 졌을 때

① 같은 분량의 베이킹소다 가루와 액체 비누를 잘 섞는다.
② ①을 얼룩에 묻혀 잠시 놔둔다.
③ 빨래망에 넣어서 세탁기에서 빤다.

와이셔츠의 심하게 찌든 때 없애기

베이킹소다 가루와 세제로도 지워지지 않는 찌든 때는 베이킹소다 가루와 글리세린으로 만든 베이킹소다 크림으로 지워 보세요.

준비물
- 베이킹소다 가루: 적당량
- 글리세린: 적당량
- 칫솔
- 빨래망

사용 빈도 ▶ 찌든 때가 생겼을 때

① 같은 분량의 베이킹소다 가루와 글리세린을 잘 섞는다.
② ①을 얼룩에 바르고, 칫솔로 문질러 얼룩에 잘 스며들게 한다.
③ 빨래망에 넣어서 세탁기에서 빤다.

가죽 때 닦기

가죽은 빨래를 할 수 없습니다. 물기를 꼭 짠 걸레에 베이킹소다 가루를 뿌려서 부드럽게 닦아내면 깨끗해집니다.

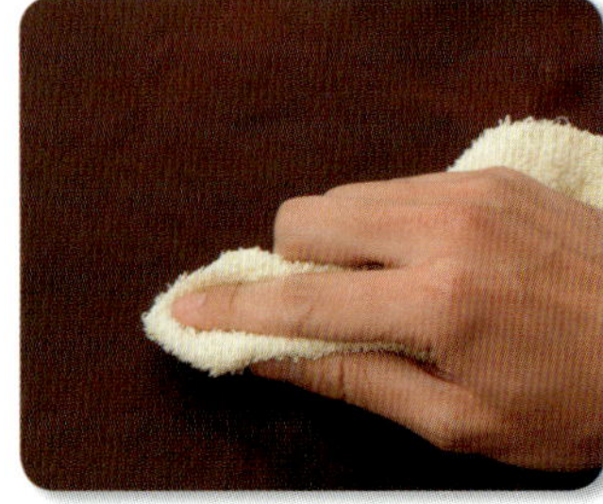

준비물
- 베이킹소다 가루: 적당량
- 걸레

사용 빈도 ▶ 더러워졌을 때

① 물기를 꼭 짠 걸레에 베이킹소다 가루를 뿌린다.
② 더러워진 부분을 걸레로 부드럽게 문지른다.
③ 젖은 걸레로 닦아내고, 잘 말린다.

스웨이드의 때 닦기

스웨이드는 어떻게 관리해야 할지 몰라 고민하는 사람이 많습니다. 베이킹소다 페이스트를 사용하면 간단히 때를 없앨 수 있습니다.

준비물
- 베이킹소다 페이스트: 적당량
- 칫솔

사용 빈도 ▶ 더러워졌을 때

① 베이킹소다 페이스트를 얼룩에 묻히고, 1~2시간 그대로 놔둔다.
② 베이킹소다 페이스트가 마르면 칫솔로 문질러 털어낸다.

털 스웨터의 때 없애기

자주 빨 수 없는 털 스웨터(울 제품)는 베이킹소다수로 부분 빨래를 하세요. 모양이 변하지 않고 오랫동안 입을 수 있습니다.

준비물
- 베이킹소다 가루: 적당량
- 대야

사용 빈도 ▶ 때가 끼었을 때

① 물을 받은 대야에 베이킹소다 가루를 넣는다.
② ①에 때가 탄 부분을 담근다.
③ 부드럽게 주물러 빨고 나서 잘 말린다.

세탁이 까다로운 의류의 관리

옷의 형태가 변형될까봐 걱정되는 옷을 빨 때는 베이킹소다 가루와 세제를 섞어서 손빨래하세요.

준비물
- 베이킹소다 가루: 1/2 큰술
- 글리세린 가루: 3/4큰술
- 액체 비누: 1/2큰술
- 구연산 가루: 1/2큰술
- 뜨거운 물: 3~4리터
- 물: 3~5리터
- 대야

사용 빈도 ▶ 그때그때

① 대야에 뜨거운 물 3~4리터, 베이킹소다 가루, 글레세린 가루, 액체 비누를 넣고 녹인 뒤에 옷을 담근다.
② 손으로 가볍게 누르며 빤 뒤에 다시 3~5리터의 물에 구연산 가루를 넣어 섞고, 물로 헹궈서 말린다.

다운 파카의 때 없애기

다운 파카 등의 폴리에스테르 제품은 젖은 걸레에 베이킹소다 가루를 묻혀서 부드럽게 문지르면 때가 지워집니다.

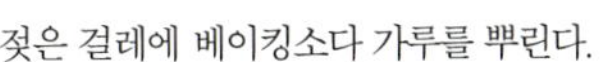

준비물
- 베이킹소다 가루: 2작은술
- 걸레
- 솔

사용 빈도 ▶ 그때그때

① 젖은 걸레에 베이킹소다 가루를 뿌린다.
② ①로 때를 문지른다.
③ 잘 말리고, 남은 베이킹소다 가루를 솔로 털어낸다.

양말의 찌든 때는 빨래하기 전에 베이킹소다 가루와 세제로 빨면 됩니다. 베이킹소다수가 냄새도 동시에 없애 줍니다.

준비물
- 베이킹소다수: 적당량
- 액체 비누: 적당량
- 대야

사용 빈도▶ 찌든 때가 있을 때

① 대야에 베이킹소다수와 액체 비누를 적당히 넣고 잘 섞는다.
② ①에 양말을 담그고, 문질러 빨래를 한다.
③ 그대로 세탁기에 넣어서 빤다.

면 소재의 가벼운 커튼은 베이킹소다 가루와 세제를 함께 넣어서 빨면 산이 중화되어 때가 쉽게 지워집니다.

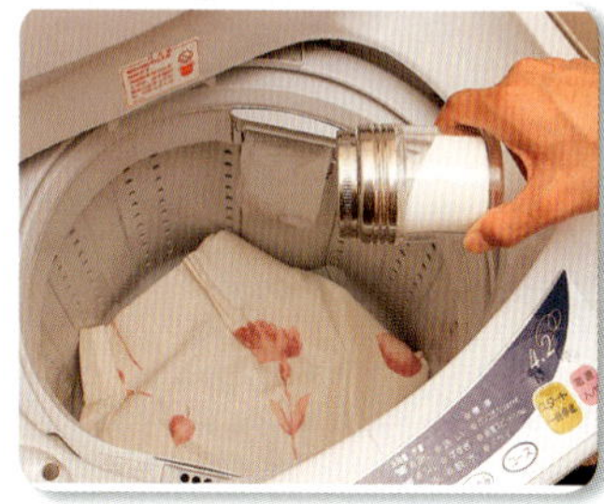

준비물
- 베이킹소다 가루: 1컵
- 빨래 세제: 평소의 50%

사용 빈도▶ 1개월 간격

① 커튼을 세탁기에 넣는다.
② 세탁기 속에 베이킹소다 가루와 빨래 세제를 넣는다.
③ 세탁기를 작동한다.

모포를 서랍에서 꺼냈을 때 곰팡이 냄새가 날 때는 베이킹소다 가루를 뿌려서 냄새를 없애고 살균도 할 수 있습니다.

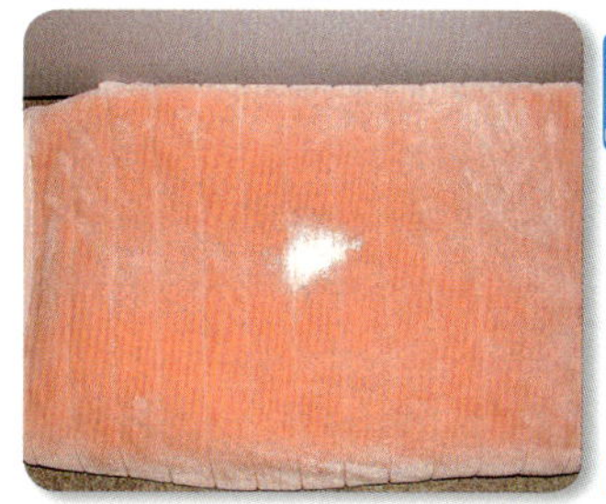

준비물
- 베이킹소다 가루: 적당량
- 청소기

사용 빈도▶ 그때그때

① 베이킹소다 가루를 모포에 뿌린다.
② 2시간 정도 그대로 놔둔다.
③ 베이킹소다 가루를 청소기로 빨아내고, 모포를 그늘에서 말린다.

베이킹소다로 냄새 제거!

베이킹소다의 특징 중 하나로 냄새 제거 효과가 있습니다. 베이킹소다를 탈취제로 사용하는 경우, 교체 시기는 약 2~3개월이지만, 그 뒤에는 청소용으로 재사용할 수 있습니다. 베이킹소다는 여러 곳에서 폭넓게 활약하고 있습니다.

초기에 얼룩 빼기

얼룩이 진 직후에 베이킹소다 가루를 뿌리고 뜨거운 물을 부어서 없앨 수 있습니다. 얼룩이 눈에 띄면 바로 대처하세요!

베이킹소다 가루

준비물
- 베이킹소다 가루: 적당량
- 뜨거운 물: 적당량
- 대야

사용 빈도 · 얼룩이 졌을 때

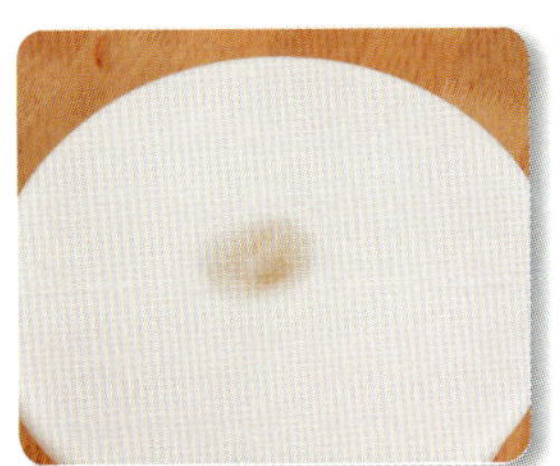

❶ 대야에 얼룩이 진 옷을 팽팽하게 펼친다.

❷ 얼룩 부분에 베이킹소다 가루를 듬뿍 뿌리고, 손가락으로 문지른다.

❸ 대야 가운데부터 천천히 뜨거운 물을 부어서 옷에 스며들게 한다.

❹ 1~2시간 그대로 놔뒀다가 그 상태로 세탁기에 넣어 빤다.

기름기 섞인 얼룩 빼기

기름기가 섞인 얼룩은 유난히 깊이 달라붙어 지우기 어렵지만, 베이킹소다 가루와 구연산수를 사용해서 기름을 분리해내면 깨끗하게 없어집니다.

베이킹소다 가루

구연산수

준비물
- 베이킹소다 가루: 적당량
- 구연산수: 적당량
- 종이 타월

사용 빈도 · 더러워졌을 때

❶ 얼룩 부분의 안쪽에 종이 타월을 받친다.
❷ 얼룩에 베이킹소다 가루를 뿌리고, 구연산수를 분무기로 뿌린다.
❸ 종이 타월로 위쪽부터 두드리듯이 지운다.

우유 얼룩 빼기

우유 얼룩은 그 상태 그대로 세탁기에 넣어서 빨면 누르스름한 자국이 남습니다. 베이킹소다 페이스트로 원래대로 하얗게 되돌리세요.

베이킹소다 페이스트

준비물
- 베이킹소다 페이스트: 적당량
- 칫솔

사용 빈도 · 얼룩이 졌을 때

❶ 얼룩진 부분에 베이킹소다 페이스트를 듬뿍 묻히고, 약 2시간 동안 그대로 놔둔다.
❷ 칫솔로 얼룩을 문질러 닦는다.
❸ 물로 씻어내고, 세탁기에 넣어 빤다.

토마토소스 얼룩 빼기

잘 지워지지 않는 토마토소스와 마요네즈의 얼룩은 생겼을 때 바로 베이킹소다 가루로 기름기를 흡착시켜서 없애세요.

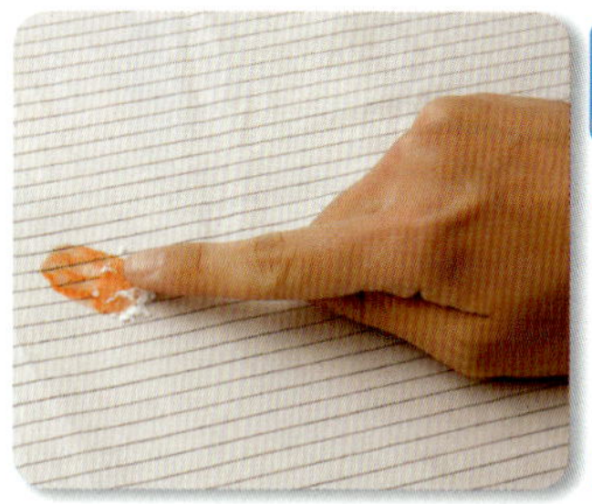

준비물
• 베이킹소다 가루: 적당량

사용 빈도 ▶ 더러워졌을 때

① 얼룩에 베이킹소다 가루를 듬뿍 뿌린다.
② 손가락으로 잘 문지른다.
③ 그대로 세탁기에 넣어서 빤다.

간장 얼룩 빼기

간장 얼룩은 물에 녹기 때문에 잘못 쏟더라도 바로 대처하면 베이킹소다수로 간단히 없앨 수 있습니다.

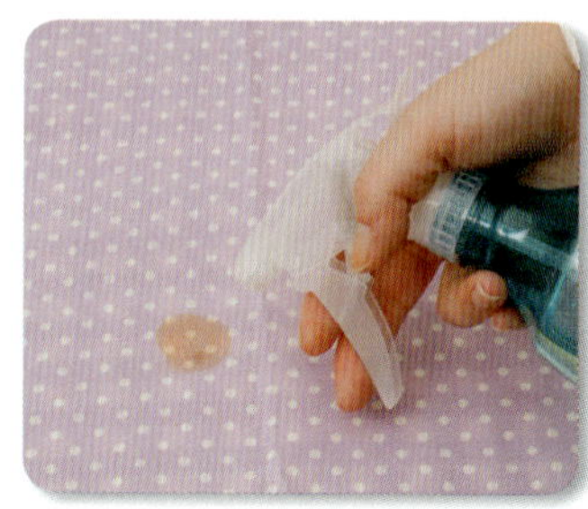

준비물
• 베이킹소다수: 적당량
• 걸레
• 종이 타월

사용 빈도 ▶ 더러워졌을 때

① 마른 걸레로 얼룩의 물기를 닦아낸다.
② 베이킹소다수를 분무기로 듬뿍 뿌린다.
③ 종이 타월로 물기를 닦아낸다.

주스 얼룩 빼기

과일과 채소 등의 즙은 알칼리성이기 때문에 중화할 수 있는 구연산수로 지우는 것이 가장 좋습니다.

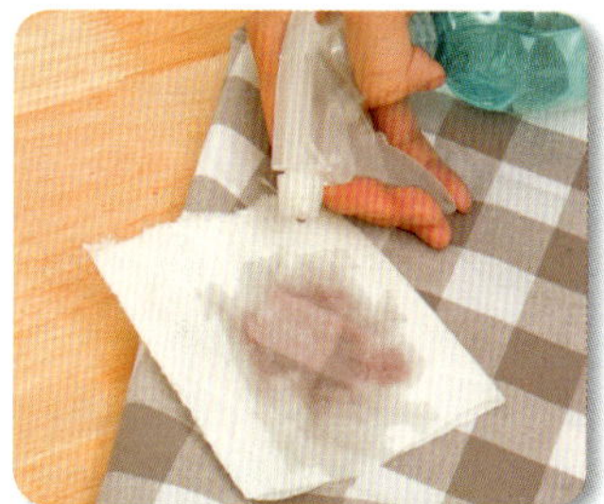

준비물
• 구연산수: 적당량
• 종이 타월
• 걸레

사용 빈도 ▶ 더러워졌을 때

① 얼룩 부분의 겉과 안쪽에 종이 타월을 대고 마른 걸레로 얼룩의 물기를 닦아낸다.
② 구연산수를 분무기로 뿌린다.
③ 위쪽부터 종이 타월로 흡수해 닦아낸다.

크레파스 자국 없애기

식탁보에 묻은 크레파스는 베이킹소다 가루를 묻힌 행주로 문질러 닦습니다. 아이들이 낙서했을 때도 쓸 수 있는 방법입니다.

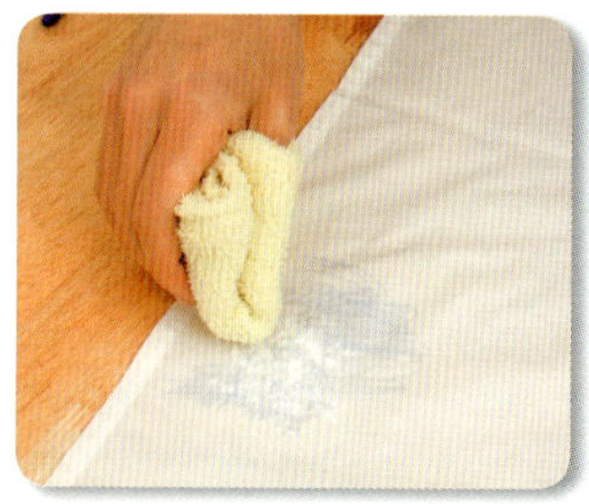

준비물
• 베이킹소다 가루: 적당량
• 행주

사용 빈도 ▶ 더러워졌을 때

① 젖은 걸레에 베이킹소다 가루를 묻힌다.
② ①로 얼룩 부분을 문지른다.
③ 그대로 세탁기에 넣어 빤다.

계란 얼룩 빼기

단백질의 얼룩은 마르면 지우기 더 어렵기 때문에 물로 적시고 나서 얼룩을 뺍니다. 얼룩이 졌을 때 바로 대처하도록 하세요.

준비물
- 베이킹소다 가루: 적당량
- 숟가락
- 걸레

사용 빈도▶더러워졌을 때

① 얼룩에 베이킹소다 가루를 뿌린다.
② 베이킹소다 가루가 물기를 흡수하면, 숟가락으로 긁어낸다.
③ 젖은 걸레로 닦고, 세탁기에 넣어 빤다.

과일 얼룩 빼기

사과나 귤 등의 과일즙이 묻었을 때는 바로 베이킹소다 가루를 듬뿍 뿌려서 물기를 흡수시키세요.

준비물
- 베이킹소다 가루: 적당량
- 칫솔
- 스펀지

사용 빈도▶더러워졌을 때

① 얼룩에 베이킹소다 가루를 뿌린다.
② 베이킹소다 가루가 물기를 흡수하면, 칫솔로 털어내고 젖은 스펀지로 문지른다.
③ 그대로 세탁기에 넣어 빤다.

옷의 냄새 빼기

옷에 배어 버린 담배 등의 냄새는 빨래하기 전에 베이킹소다수에 담그기만 하면 깨끗하게 없앨 수 있습니다.

준비물
- 베이킹소다 가루: 1큰술
- 뜨거운 물: 1리터
- 대야

사용 빈도▶냄새가 날 때

① 대야에 뜨거운 물을 붓고 베이킹소다 가루를 넣어 잘 녹인다.
② 옷을 ①에 넣어 담그고, 약 1시간 동안 놔둔다.
③ 그대로 세탁기에 넣어 빤다.

구토물 냄새 빼기

닦는 것만으로는 좀처럼 없어지지 않는 냄새는 방향유와 베이킹소다 가루를 섞어서 탈취하세요. 바로 대처하는 것이 중요합니다.

준비물
- 베이킹소다 가루: 적당량
- 방향유: 적당량
- 솔
- 종이 타월

사용 빈도▶그때그때

① 더러워진 부분을 종이 타월로 닦아낸다.
② 더러워진 부분에 방향유를 적당히 섞은 베이킹소다 가루를 듬뿍 뿌리고, 2~3시간 그대로 놔둔다.
③ 베이킹소다 가루를 솔로 문질러 털어내고, 세탁기에 넣어서 빤다.

방충제 냄새 없애기

옷장 안에 오랫동안 보관해서 방충제 냄새가 배었다면 베이킹소다 가루로 탈취하고 세탁하세요.

베이킹소다 가루

준비물
- 베이킹소다 가루: 적당량
- 솔

사용 빈도 ▶ 냄새가 날 때

① 옷 전체에 베이킹소다 가루를 뿌린다.
② 그대로 1~2시간 그대로 놔둔다.
③ 베이킹소다 가루를 솔로 문질러 털어내고, 세탁기에 넣어 빤다.

석유 냄새 없애기

옷에 석유 냄새가 배었다면 베이킹소다를 묻힌 뒤에, 며칠 동안 비닐봉지에 넣어 두면 냄새가 없어집니다.

베이킹소다 가루

준비물
- 베이킹소다 가루: 적당량
- 비닐봉지

사용 빈도 ▶ 냄새가 날 때

① 비닐봉지에 옷을 넣는다.
② 베이킹소다 가루를 듬뿍 뿌린다.
③ 그대로 며칠 동안 놔두었다가 세탁기에 넣어 빤다.

빨랫감의 퀴퀴한 냄새 없애기

빨래하기 전의 퀴퀴한 냄새는 '베이킹소다 탈취 주머니'를 이용하면 간단히 탈취할 수 있습니다. 냄새 원인이 완전히 제거됩니다.

베이킹소다 가루

준비물
- 탈취 주머니

사용 빈도 ▶ 냄새가 날 때

① 탈취 주머니를 만든다.(오른쪽 참조)
② ①의 탈취 주머니를 박스에 넣는다.

에코포인트
취향에 맞는 방향유를 섞으면 좋습니다. 전자레인지에도 사용해 보세요

베이킹소다 탈취 주머니 만들기

어디에 두더라도 냄새를 없애는 효과가 있는 '탈취 주머니'입니다. 베이킹소다 가루를 천으로 싸기만 하면 완성됩니다. 귀엽기도 하고 효과도 매우 좋습니다.

베이킹소다 가루

준비물
- 베이킹소다 가루: 2/3컵
- 천(지름 15cm 정도의 원형): 1장
- 끈(리본이나 고물줄도 가능)

① 동그란 천 가운데에 베이킹소다 가루를 놓는다.
② 천의 바깥쪽을 하나로 모은다.
③ 끈 등으로 잘 묶으면 완성이다.

세탁기 때 닦기

세탁기에 달라붙은 찌든 때는 세탁기에 베이킹 소다 페이스트를 묻혀서 닦아내면 반짝반짝 윤이 납니다. 정기적으로 청소하는 습관을 들이세요.

준비물
• 베이킹소다 페이스트: 적당량
• 스펀지

사용 빈도 - 2주일 간격

1 세탁기에 베이킹소다 페이스트를 묻힌다.
2 스펀지로 때를 닦는다.
3 물로 가볍게 씻어낸다.

세탁조 내부 항균

세탁조에 달라붙어 있는 눈에 보이지 않는 곰팡이 등은 세탁 전에 직접 베이킹소다 가루를 뿌려서 문제를 해결하세요.

준비물
• 베이킹소다 가루: 적당량

사용 빈도 - 세탁할 때

1 베이킹소다 가루를 세탁조에 뿌린다.
2 세탁기로 빨래를 할 때마다 매번 1단계를 먼저 한다.

빨래 바구니 냄새 없애기

빨래 바구니의 냄새가 옷에 배는 것을 막을 수 있습니다. 빨래 바구니는 항상 청결하게 관리하세요.

준비물
• 베이킹소다 가루: 적당량

사용 빈도 - 그때그때

1 베이킹소다 가루를 빨래 바구니에 뿌린다.
2 평소대로 빨랫감을 넣는다.

애완동물과 에코 청소
Pet

애완동물은 소중한 가족입니다. 그렇기 때문에 애완동물에게도 살기 좋은 환경을 만들어 주고 싶습니다.
베이킹소다를 잘 사용해서 쾌적한 공간을 만들어 주세요.

애완동물용 패드 냄새 없애기

바닥 패드에는 애완동물의 냄새가 배어 있습니다. 베이킹소다 가루를 뿌려서 탈취하고 나서 버리세요. 살균 효과도 있습니다.

준비물
• 베이킹소다 가루: 적당량

사용 빈도 그때그때

❶ 애완동물 패드에 베이킹소다를 뿌린다.
❷ 비닐봉지에 넣어서 버린다.

고양이의 모래 상자에 모래를 바꾸기 전에

고양이는 모래를 화장실로 사용합니다. 모래가 굳기 전에 베이킹소다 가루를 뿌리면 용변 장소를 청결하게 관리할 수 있습니다.

준비물
• 베이킹소다 가루: 적당량

사용 빈도 그때그때

● 화장실 모래에 베이킹소다 가루를 뿌린다.

에코포인트
베이킹소다에는 탈취 효과도 있기 때문에 화장실 냄새도 없앨 수 있어서 일거양득입니다!

애완동물 사료통의 벌레 퇴치

사료통 주변에는 벌레가 꼬이기 쉽고, 비위생적입니다. 베이킹소다 가루를 뿌리면 해충이 잘 꼬이지 않습니다.

준비물
- 베이킹소다 가루: 적당량

사용 빈도 ▶ 그때그때

❶ 애완동물 사료통과 그 주변에 베이킹소다 가루를 뿌린다.
❷ 며칠이 지난 뒤 베이킹소다 가루가 보이지 않으면, 다시 베이킹소다 가루를 뿌린다.

애완동물의 장난감 닦기

애완동물이 자주 가지고 노는 플라스틱 장남감은 때가 많습니다. 걸레에 베이킹소다수를 묻혀서 닦고 찌든 때를 없애세요.

준비물
- 베이킹소다수(식용): 적당량
- 물: 적당량
- 대야
- 걸레

사용 빈도 ▶ 그때그때

❶ 대야 속에 장난감을 넣고, 베이킹소다수로 닦는다.
❷ 걸레로 닦고, 잘 말린다.

애완동물 입속 청결

애완동물의 이 닦기와 구취 예방에도 베이킹소다가 효과적입니다. 베이킹소다에 포함되어 있는 나트륨이 입속을 깨끗하게 해 주고 구취 예방도 합니다.

준비물
- 베이킹소다수; 적당량
- 칫솔

사용 빈도 ▶ 그때그때

❶ 칫솔로 베이킹소다수를 분무기로 뿌린다.
❷ 칫솔로 애완동물의 이를 닦는다.

애완동물이 용변을 봤을 때

애완동물이 오줌을 싸면, 거기에 베이킹소다 가루를 뿌리고, 하룻밤 놔두었다가 청소기로 빨아냅니다. 살균과 탈취도 확실하게 됩니다.

준비물
- 베이킹소다 가루(식용): 적당량
- 청소기

사용 빈도 ▶ 그때그때

❶ 용변을 치운 다음에, 베이킹소다 가루를 뿌린다.
❷ 하룻밤 그대로 놔두었다가 베이킹소다 가루를 청소기로 빨아낸다.

취미와 에코 청소 
Hobby

베이킹소다는 여러 가지 취미 생활을 할 때도 도움이 됩니다.
아끼는 물건을 깨끗하게 사용하면 생활이 더욱 행복하고 즐거워질 것입니다.

책 냄새 없애기

책꽂이에 오랫동안 꽂힌 채로 있어서 곰팡이 냄새가 나는 책에는 베이킹소다 가루를 뿌리기만 해도 냄새가 없어집니다.

준비물
- 베이킹소다 가루: 적당량

사용 빈도 책에서 냄새가 날 때

❶ 책장 사이사이에 베이킹소다 가루를 뿌린다.
❷ 며칠 뒤에 베이킹소다 가루를 털어낸다.

자수 부분 때 없애기

옷 등의 자수에 때가 탔을 때는 좁은 틈의 때도 분해하는 베이킹소다를 이용하세요! 바늘땀 사이의 때도 깨끗하게 없앨 수 있습니다.

준비물
- 베이킹소다 가루: 1/2 컵
- 빨래 세제: 적당량
- 물: 1리터
- 대야

사용 빈도 때가 탔을 때

❶ 대야에 베이킹소다 가루, 빨래 세제, 물을 적당량 넣고 잘 섞는다.
❷ ❶에 자수 부분을 잠시 적셔 두었다가 물로 빨아 말린다.

식물 잎에 광택 내기

관엽식물 잎에는 흙과 먼지가 쌓이곤 합니다. 광택이 없어졌다면 베이킹소다수를 분무기로 뿌리세요. 잎의 광택이 되살아납니다.

준비물
• 베이킹소다수(식용): 적당량
• 걸레

사용 빈도 1주일 간격

❶ 걸레에 베이킹소다수를 분무기로 뿌려서 적신다.
❷ 잎을 부드럽게 닦는다.

초목의 영양제로 사용

관엽식물과 초목의 잎의 영양제로 베이킹소다수를 줍니다. 적당히 상태를 보면서 조금씩 주도록 하세요.

준비물
• 베이킹소다 가루(식용): 1작은술
• 간수: 1작은술
• 암모니아: 1/2작은술
• 물: 4리터
• 양동이　• 물뿌리개

사용 빈도 초목의 상태를 보면서

❶ 물 4리터에 베이킹소다 가루와 간수, 암모니아를 넣어서 잘 섞는다.
❷ 물뿌리개에 베이킹소다수를 넣고 초목에 조금씩 준다.

꽃꽂이 꽃을 장시간 유지

금세 시들어버리는 꽃꽂이 꽃도 베이킹소다로 관리하세요. 베이킹소다로 박테리아 번식을 막고, 싱싱한 상태를 좀 더 오랫동안 유지하세요.

준비물
• 베이킹소다 가루: 적당량

사용 빈도 꽃병의 물이 탁해졌을 때

❶ 물이 있는 꽃병에 베이킹소다 가루를 적당량 넣고 잘 녹인다.
❷ 꽃을 꽂는다.

방충 분무기

관엽식물과 목초에 붙은 해충(진딧물)에 분무기로 뿌리면 없앨 수 있습니다. 원액의 사용 기한은 1개월 이내로 하세요.

준비물
• 베이킹소다 가루: 1작은술
• 샐러드기름: 1/3컵
• 물: 1컵
• 분무기

사용 빈도 해충이 보일 때

❶ 베이킹소다 가루, 샐러드기름을 섞어서 원액을 만든다.
❷ ❶의 원액 2작은술과 물을 섞는다.
❸ ❷를 분무기에 넣어서 해충이 있는 곳에 분무기로 뿌린다.

야외 활동에서 그릇 씻기

베이킹소다 가루는 물이 없는 야외에서도 큰 역할을 합니다. 친환경적이기 때문에 그대로 버려도 괜찮습니다.

준비물
- 베이킹소다 가루: 적당량
- 신문지

사용 빈도 ▸ 1주일 간격

❶ 음식을 먹고 나서 식기에 베이킹소다 가루를 뿌린다.
❷ 음식 찌꺼기가 굳었을 때는 신문지로 문지른다.

물휴지 대용

샤워를 할 수 없을 때, 타월에 베이킹소다수를 분무기로 뿌려서 몸을 닦으세요. 물휴지 대신 사용할 수 있습니다.

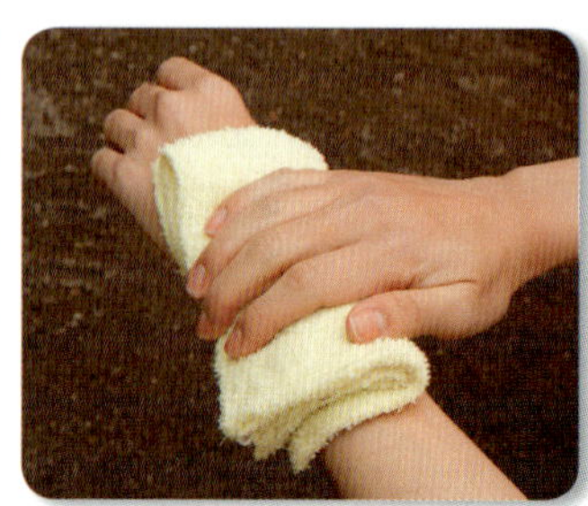

준비물
- 베이킹소다수: 적당량
- 타월

사용 빈도 ▸ 몸을 닦고 싶을 때

❶ 타월에 베이킹소다수를 분무기로 뿌려서 적신다.
❷ ❶로 몸을 닦는다.

젖은 물건 냄새 없애기

타월이나 수영복은 젖은 채로 그대로 가져가지 말고, 집에 돌아가기 전에 베이킹소다 가루로 탈취를 해 두세요.

준비물
- 베이킹소다 가루: 적당량
- 비닐봉지

사용 빈도 ▸ 그때그때

❶ 수영복과 타월 등 젖은 물품을 비닐봉지에 넣는다.
❷ 베이킹소다 가루를 뿌려 넣고 그대로 가지고 돌아간다.
❸ 베이킹소다 가루가 묻은 채로 세탁기에 넣어서 빨래한다.

방충 분무기 대용

야외 활동에서는 벌레에 물릴까봐 걱정을 합니다. 베이킹소다를 사용하면 피부가 약한 사람도 안심할 수 있습니다. 방충 분무기로 활용하세요.

준비물
- 베이킹소다 가루: 1/4 작은술
- 무수에탄올: 10ml
- 라벤더 오일: 1방울
- 페퍼민트 오일: 2방울
- 정제수: 50ml
- 분무기통

사용 빈도 ▸ 벌레에 물릴 염려가 있을 때

❶ 분무기에 무수 에탄올, 라벤더 오일, 페퍼민트 오일을 넣고 섞는다.
❷ ❶에 베이킹소다 가루와 정제수를 넣고 섞는다.

앞유리 닦기

먼지 때가 많이 붙는 자동차 앞유리도 베이킹소다로 반짝반짝하게 닦을 수 있습니다. 마지막에는 물로 닦아 마무리하세요.

준비물
- 베이킹소다 가루: 적당량
- 스펀지
- 걸레

사용 빈도 때가 묻었을 때

1. 젖은 스펀지에 베이킹소다 가루를 뿌린다.
2. 1로 때를 문지른다.
3. 물기를 꼭 짠 걸레로 닦아낸다.

자동차 바퀴 휠 닦기

자동차 바퀴 휠은 앞유리 이상으로 때가 탄 것이 잘 보이는 곳입니다. 베이킹소다 페이스트로 때를 닦으세요. 원래의 광택이 되살아납니다.

준비물
- 베이킹소다 페이스트: 적당량
- 스펀지
- 칫솔

사용 빈도 때가 탔을 때

1. 젖은 스펀지에 베이킹소다 페이스트를 묻힌다.
2. 때를 닦는다. 세세한 틈은 칫솔을 사용한다.
3. 물로 씻어낸다.

자동차 좌석 때 닦기

좌석 시트는 물 청소를 할 수 없습니다. 때가 타거나 냄새가 날 때는 베이킹소다 가루를 뿌려서 걸레로 닦아내세요.

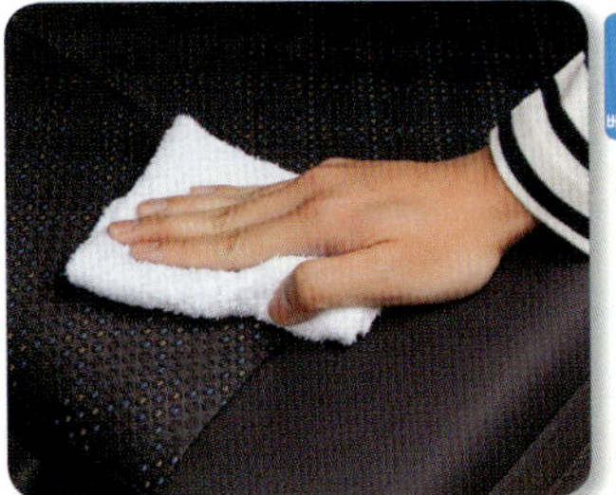

준비물
- 베이킹소다 가루: 적당량
- 걸레

사용 빈도 더러워졌을 때

1. 물기를 꼭 짠 걸레로 때가 탄 부분을 문지른다.
2. 좌석 시트에 베이킹소다 가루를 뿌리고 잠시 두었다가 마른 걸레로 닦아낸다.

차체 닦기

흠집이 나기 쉬운 차체에는 농도를 약하게 만든 베이킹소다 페이스트를 사용하세요. 도장에 흠집을 내지 않고 때를 닦을 수 있습니다.

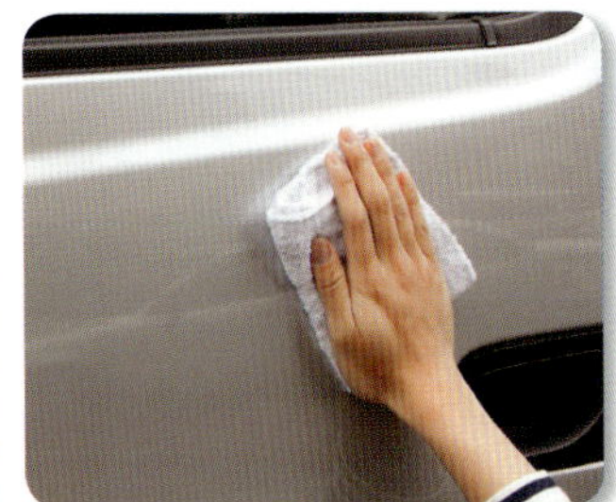

준비물
- 베이킹소다 페이스트 (농도 약): 적당량
- 걸레

사용 빈도 더러워졌을 때

1. 젖은 걸레로 농도가 약한 베이킹소다 페이스트를 바른다.
2. 때가 탄 부분에 묻히고 약 5분 동안 그대로 놔둔다.
3. 2를 닦아내고, 물로 씻어낸다.

재떨이 냄새 없애기

베이킹소다 가루는 담뱃재 냄새 탈취에도 사용합니다. 베이킹소다 가루를 재떨이에 깔아 두면 효과를 발휘합니다. 지금 바로 시도해 보세요.

준비물
- 베이킹소다 가루: 적당량

사용 빈도 ▶ 1개월 간격

● 재떨이의 재를 청소하고 나서 재떨이 바닥에 베이킹소다 가루를 약 1cm 두께로 깔아 둔다.

자동차 세정액으로 사용

시판 세정액을 사용하고 나면 손이 거칠어진다는 사람이라도 베이킹소다 세정액은 걱정하지 마세요. 비가 온 뒤와 먼지를 간단하게 씻어냅니다.

준비물
- 베이킹소다 가루: 4큰술
- 액체 비누: 2/3컵
- 물: 4리터
- 양동이

사용 빈도 ▶ 더러워졌을 때

❶ 양동이에 물과 베이킹소다 가루를 넣는다.
❷ ❶에 액체 비누를 넣고 섞는다.

※ 세차를 할 때는 ❷를 미지근한 물이 들은 양동이에 넣어서 사용한다.

은 액세서리 광택 내기

광택이 없어지거나 검게 변한 은 액세서리를 관리할 때도 베이킹소다수가 큰 도움이 됩니다. 처음의 광택 상태로 되돌릴 수 있습니다.

준비물
- 베이킹소다수: 적당량
- 알루미늄 포일
- 걸레

사용 빈도 ▶ 더러워졌을 때

❶ 은 액세서리를 알루미늄 포일로 감싼다.
❷ 베이킹소다수에 약 10분 동안 담갔다가 꺼낸다.
❸ 알루미늄 포일을 벗겨서 물로 씻어내고, 마른 걸레로 닦는다.

> **주의**
> 액세서리에 돌(보석)이 있거나 산화 은제품에는 베이킹소다를 사용하면 안 됩니다! 주의해서 사용해 주세요.

동전 광택 내기

거무스름하게 변색한 동전과 기념 메달은 베이킹소다 페이스트로 반짝반짝 윤을 낼 수 있습니다. 광택을 되살려 보세요.

준비물
- 베이킹소다 페이스트: 적당량
- 칫솔
- 걸레

사용 빈도 ▶ 거무스름하게 변색됐을 때

❶ 동전과 메달에 베이킹소다 페이스트를 묻혀서 칫솔로 문지른다.
❷ 물로 씻어내고, 마른 걸레로 닦는다.

베이킹소다 피부 관리
Skin Care

여자에게 있어서 매일매일 피부 관리는 빼놓을 수 없는 일 중 하나입니다.
그러한 일상의 피부 관리를 베이킹소다, 구연산이 도와줍니다.
베이킹소다는 머리부터 발끝까지 전신 케어에 효과적입니다.

페이스 케어

약알칼리성 베이킹소다라면 얼굴에 사용해도 괜찮습니다! 세안부터 스크럽제까지 여러 가지 용도로 사용할 수 있습니다.

헤어 케어

머리카락 손상과 피지 등의 문제도 베이킹소다가 해결해 줍니다. 아름다운 큐티클층을 되살리세요.

보디 케어

베이킹소다를 사용한 보디 팩과 스크럽제로 매끌매끌한 피부를 만드세요! 간단히 만들 수 있으니 바로 시작해 보세요!

스페셜 케어

스킨 케어 이외에도 베이킹소다는 많은 데에 효과가 있습니다. 손톱의 울퉁불퉁한 표면을 정리하거나 안경 세정액으로도 사용할 수 있습니다.

> ⚠️ **패치 테스트를 하세요!**
>
> 처음에 베이킹소다를 사용할 때는 반드시 패치 테스트를 하는 것이 좋습니다. 베이킹소다를 동량의 물에 녹이고, 피부의 부드러운 곳에 발라서 그대로 하루 정도 지냅니다. 아무런 변화가 없으면 그대로 사용해도 괜찮습니다. 피부에 이상이 생긴 경우는 바로 물로 씻어내고 사용을 중지해 주세요.

지구에도 피부에도 무해한 무첨가 베이킹소다 비누의 입자가 모공에 쌓인 피지를 없애 줍니다.

준비물
- 베이킹소다 가루: 2작은술
- 구연산 가루: 손가락 끝으로 2번
- 순정 비누: 40g
- 끓인 물: 4큰술

도구
- 내열 용기
- 칼
- 요거트 용기

만드는 법
1. 순정 비누를 얇게 잘라 내열 용기에 넣고, 끓인 물을 붓는다.
2. ❶을 잘 으깨서 부드럽게 만든다.
3. 베이킹소다 가루와 구연산 가루를 넣고 잘 섞어서 요거트 용기에 넣어서 하룻밤 놔둔다.

사용법… 베이킹소다 비누에 거품을 내서 세수를 한다.

베이킹소다 폼 클렌징

베이킹소다 비누보다 쉬운 방법으로, 시판하는 폼 클렌징에 베이킹소다 가루를 섞기만 하면 간단히 베이킹소다의 효과를 실감할 수 있습니다.

준비물
- 베이킹소다 가루; 1/2 작은술
- 시판 폼 클렌징: 적당량

만드는 법
1. 시판하는 폼 클렌징을 손에 덜고, 미지근한 물을 묻혀서 거품을 잘 낸다.
2. 베이킹소다 가루를 잘 문질러 섞는다.

사용법…베이킹소다 폼 클렌징으로 부드럽게 얼굴을 감싸듯이 마사지한 뒤에 미지근한 물로 헹군다.

베이킹소다 클렌징 크림

베이킹소다 가루에는 스크럽 효과도 있습니다. 각질을 제거하면서 화장을 지우는 용도로도 이용할 수 있습니다.

준비물
- 베이킹소다 가루: 3큰술
- 글리세린: 2큰술

도구
- 작은 용기
- 밀봉 용기

👆 Point
지성인 사람은 글리세린 양을 조금 줄이고, 건성인 사람은 글리세린 양을 더 늘리세요.

만드는 법
1. 작은 용기에 베이킹소다 가루와 글리세린을 넣고 잘 섞어서 페이스트 상태로 만든다.
2. 잘 섞어서 부드럽게 만든다.

사용법…베이킹소다 클렌징 크림을 소량 손에 덜어서, 거품을 잘 내서 마사지하듯이 씻는다.

베이킹소다 필링 페이스트

베이킹소다 필링 페이스트로 콧망울 주변의 피지를 제거하세요. 맨얼굴 미인이 되어 보세요.

준비물
- 베이킹소다 가루: 2큰술
- 스콸렌: 1작은술

도구
- 작은 용기

👆 Point
스콸렌이란 심해 상어의 간유에서 채취한 천연 성분입니다.

만드는 법…작은 용기에 베이킹소다 가루와 스콸렌을 넣고, 끈적이는 상태의 페이스트가 될 때까지 섞는다.

사용법…콧망울 주변 등 각질과 모공의 피지를 제거하고 싶은 부분에 묻혀 마사지를 한 뒤에, 미지근한 물로 잘 씻어낸다.

베이킹소다 미백 팩

플로랄 워터의 향기에 마음이 편안해지면서 베이킹소다 가루의 필링 효과, 꿀의 보습·살균·미색 효과까지 더해집니다.

준비물
- 베이킹소다 가루: 1작은술
- 취향에 맞는 클레이: 1작은술
- 꿀: 1/2작은술
- 플로랄 워터: 적당량

도구
- 용기

Point
생약 중에 범의귀 진액을 첨가하면 미백 효과가 훨씬 좋아집니다.

만드는 법…용기에 모든 재료를 넣고, 페이스트 상태가 될 때까지 잘 섞는다.

사용법…눈과 입 주변을 피해 얼굴 전체에 팩을 한다. 그대로 10~15분 있다가 따뜻한 물로 부드럽게 씻어낸다.

베이킹소다 치약

베이킹소다 가루로 이를 닦으면, 입자가 치태를 없애고 변색된 이도 하얘집니다. 입 냄새도 없어집니다.

준비물
- 베이킹소다 가루: 적당량
- 시판하는 치약: 적당량
- 칫솔

Point
너무 힘 주지 말고, 부드럽게 닦으세요.

만드는 법…치약을 묻힌 칫솔에 베이킹소다 가루를 뿌린다.

사용법…평소대로 구석구석 닦는다.

베이킹소다 보디 팩

베이킹소다 보디 팩으로 전신 케어를 하세요. 베이킹소다 가루와 보습 로션이 모공의 때를 없애고, 투명감 있는 맑은 피부로 만들어줍니다.

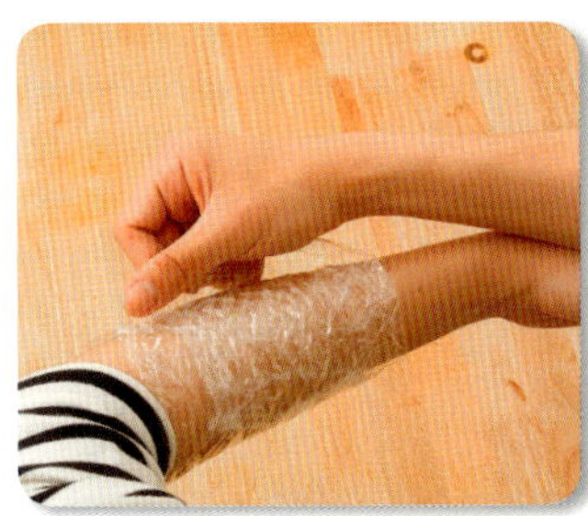

준비물
- 베이킹소다 가루: 2큰술
- 클레이: 2큰술
- 보습 로션: 2큰술

도구
- 용기
- 계량 스푼
- 거품기
- 보관 용기
- 솔

Point
랩으로 싸면 대사가 활발해지고, 셀룰라이트 방지 효과도 있어요

만드는 법

❶ 용기에 베이킹소다 가루, 클레이, 보습 로션을 넣고 거품기로 잘 섞는다.

❷ 페이스트 상태가 되면 보관 용기에 넣는다.

사용법…베이킹소다 보디 팩을 피부에 바르고, 랩으로 싸고 대략 5~10분 있다가 랩을 벗기고 미지근한 물로 씻어낸다.

베이킹소다 보디 스크럽

까칠까칠한 피부에는 베이킹소다 보디 스크럽을 이용하세요. 입욕 후에 마사지하면 효과가 더욱 좋습니다.

준비물
- 베이킹소다 가루: 1작은술
- 보디 클렌저: 적당량

도구
- 스펀지

Point
베이킹소다 가루가 남아 있는 상태에서 마사지하세요.

만드는 법

❶ 스펀지를 미지근한 물에 담그고, 보디 클렌저를 묻혀서 거품을 잘 낸다.

❷ 베이킹소다 가루를 뿌리고, 거품으로 감싸듯이 섞는다.

사용법…베이킹소다 보디 스크럽을 묻힌 스펀지로 원을 그리듯이 온몸을 부드럽게 마사지한다.

베이킹소다 포인트 스크럽

팔꿈치와 무릎이 까칠까칠할 때는 베이킹소다 포인트 스크럽으로 마사지하세요. 베이킹소다 가루와 왕소금이 오래된 각질을 깨끗하게 없애 줍니다.

준비물
- 베이킹소다 가루: 1작은술
- 왕소금: 1작은술
- 올리브 오일: 2작은술

도구
- 작은 용기

👆 **Point**
사용한 뒤에 끈적임이 신경 쓰이면, 다시 한 번 비누로 씻습니다.

만드는 법…작은 용기에 베이킹소다 가루, 왕소금, 올리브 오일을 넣고 잘 섞는다.

사용법…베이킹소다 포인트 스크럽을 적당량 덜어, 까칠까칠한 곳에 바르고 손바닥으로 마사지한 뒤에 미지근한 물로 씻어낸다.

베이킹소다 발 클렌징

베이킹소다에는 혈액 순환을 촉진하는 효과가 있어서 몸이 따뜻해지고, 피로도 가셔서 기분이 상쾌해집니다. 바쁜 일상생활 속에 이용해 보세요.

준비물
- 베이킹소다 가루: 5큰술
- 미지근한 물: 2리터

도구
- 대야
- 걸레

👆 **Point**
마지막에 베이킹소다 보디 스크럽(97쪽 참조)을 사용하면 효과가 더욱 좋습니다.

만드는 법…뜨거운 물을 넣은 대야에 베이킹소다를 넣는다.

사용법…대야 안에 발을 넣고, 약 15분 정도 그대로 있는다. 몸이 따뜻해지면 물로 씻어내고 수건으로 물기를 닦는다.

피부에 자극을 주지 않고 솜털 없애기

피부에 자극이 적은 베이킹소다 가루는 솜털 없애기를 할 때도 사용할 수 있습니다. 피부를 보호하세요.

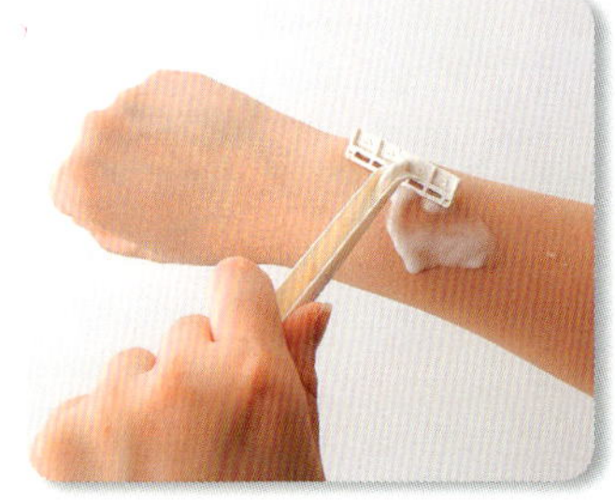

준비물
- 베이킹소다 가루(식용): 4작은술
- 글리세린: 2작은술

도구
- 면도기
- 수건

만드는 법…베이킹소다 가루와 글리세린을 잘 섞는다.

사용법…베이킹소다 페이스트를 솜털에 묻히고, 면도기로 깎고, 면도가 끝나면 수건으로 닦는다.

베이킹소다 목욕으로 매끄러운 피부

베이킹소다를 넣은 뜨거운 물에 몸을 담그면, 때와 체취를 깨끗하게 없앨 수 있습니다. 피부도 반짝반짝 윤이 납니다.

준비물
- 베이킹소다 가루(식용): 1컵

만드는 법
1. 베이킹소다 가루 1컵을 뜨거운 물속에 넣는다.
2. 잘 섞는다.

사용법…물에 몸을 담근다.

베이킹소다 땀 억제제

베이킹소다 가루가 땀과 피지를 흡수해서 피부를 뽀송뽀송하게 만듭니다. 탈취 효과도 있어서 불쾌한 냄새도 없애 줍니다.

준비물
- 베이킹소다 가루: 1작은술
- 베이비 파우더: 적당량

도구
- 작은 용기(접시 형태)
- 화장용 퍼프

만드는 법…작은 용기에 베이킹소다 가루와 베이비 파우더를 넣고 잘 섞는다.

사용법…베이킹소다 땀 억제제를 화장용 퍼프에 적당량 묻혀서, 겨드랑이 등 냄새가 나는 곳에 두드려 바른다.

베이킹소다 귓속 클리너

귓속에 발라서 딱딱해진 귀지를 불리고 나서 귓속 청소를 하세요. 자극을 주지 않습니다. 정기적으로 청소하세요.

준비물
- 베이킹소다 가루; 귀이개 1개 분량
- 글리세린: 1큰술
- 정제수: 1큰술

도구
- 작은 용기(접시 형태)
- 면봉

만드는 법
1. 작은 용기에 글리세린과 정제수를 넣고 섞는다.
2. ①에 베이킹소다 가루를 넣고 묽은 페이스트 상태가 될 때까지 잘 섞는다.

사용법…면봉에 베이킹소다 귓속 클리너를 묻혀서 귓속에 바르고, 1~2분 뒤에 마른 면봉으로 귀지를 닦아낸다.

손톱 관리

손톱의 울퉁불퉁한 표면은 베이킹소다로 문질러서 매끄럽게 하세요. 매니큐어를 바르기 편해집니다. 손톱 끝부터 깨끗하게 닦으세요.

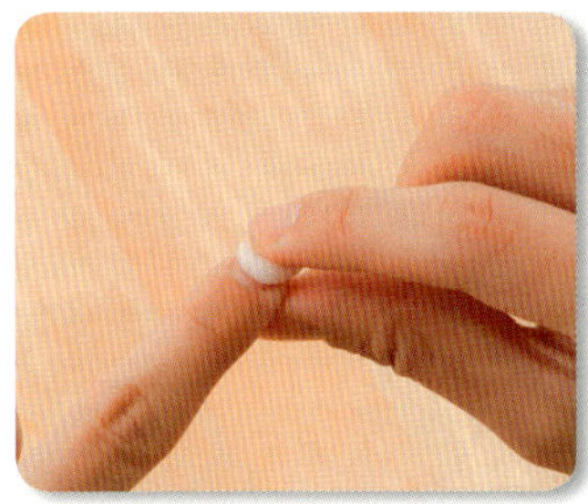

준비물
- 베이킹소다 가루: 2큰술
- 정제수: 2큰술

도구
- 작은 용기(접시 형태)

만드는 법…작은 용기에 베이킹소다 가루와 정제수를 넣고, 페이스트 상태가 될 때까지 잘 섞는다.

사용법…베이킹소다 페이스트를 지름 1cm 정도 크기로 둥글게 만들어 손톱 위에 올리고, 집게손가락으로 손톱과 손톱 주변을 문지른다. 같은 방법으로 나머지 손톱을 문지른다.

안경 렌즈 닦기

베이킹소다수에 담그면 안경 렌즈에 묻어 있는 손때 등이 깨끗하게 지워집니다.

준비물
- 베이킹소다 가루: 적당량
- 물: 2리터

도구
- 대야 · 천 · 안경

Point
금속제 프레임에 사용하면 녹스는 원인이 되기 때문에 피해 주세요!

만드는 법…물을 부은 대야에 베이킹소다 가루를 뿌리고 잘 녹인다.

사용법…베이킹소다수에 안경을 담그고, 손가락으로 부드럽게 문지른다. 그 다음에 부드러운 천으로 물기를 완전히 닦아낸다.

베이킹소다 잡학 강좌

베이킹소다로 청소

이제부터 베이킹소다 청소를 시작하는 사람은 물론이고, 이미 사용하고 있는 사람도 알아 두면 좋은 베이킹소다 활용법을 소개합니다.

잡학 1 아크릴 수세미로 에코 청소

청소 잘하는 사람들 사이에서 아크릴 수세미는 유명합니다. 아크릴 섬유가 때를 빨아들이기 때문에 세제가 불필요하다는 것이 인기의 요인입니다. 베이킹소다 청소를 할 때에도 스펀지 대용으로 큰 역할을 합니다.

잡학 2 베이킹소다수의 용기는 소재에 주의!

용기의 소재에 따라서는 베이킹소다수의 알칼리 성분 때문에 녹는 경우도 있습니다. 일반적으로 사용하고 있는 폴리에틸렌 등은 문제가 없지만, 간장 통 같은 부드러운 용기는 주의해 주세요.

잡학 3 청소 도구의 새로운 수납법

수납할 장소가 마땅치 않은 청소 도구는 억지로 감추지 말고 방의 잘 보이지 않는 위치에 보관하세요. 예쁜 병과 분무기에 넣으면 인테리어 효과도 있습니다.

잡학 4 베이킹소다 수세미로 즐겁게 청소

물 2작은술에 젤라틴 1작은술을 불려서, 베이킹소다 가루 1컵, 소금 조금, 물 1큰술을 섞고, 틀에 넣어서 냉장고에서 굳혀서 만드는 베이킹소다 수세미. 때에 직접 대고 문지르기만 하면 때가 닦이는 편리한 도구입니다.(41쪽 참조)

베이킹소다로 요리

채소의 떫은 맛 제거와 베이킹파우더로 유명한 베이킹소다지만, 이 밖에도 여러 가지 활용법이 있습니다. 바로 적용할 수 있는 정보가 가득합니다.

잡학 1 베이킹소다로 잔류 농약 제거!

채소와 과일에 묻어 있는 잔류 농약이 걱정되는 사람은 먹기 전에 식용 베이킹소다수로 씻으세요. 베이킹소다가 농약을 깨끗하게 제거해 주기 때문에 과일을 껍질째로 안심하고 먹을 수 있습니다.

잡학 2 베이킹파우더와 베이킹소다의 차이!

빵을 만들 때 빼놓을 수 없는 베이킹파우더는 베이킹소다에 첨가물을 더한 것입니다. 두 가지 다 부풀리는 역할로 사용하지만, 도라야키와 카르메야기 등 일본 과자에는 베이킹소다를 추천합니다.

잡학 3 요리에서 베이킹소다의 다양한 활용법!

베이킹소다는 요리할 때 떫은 맛과 냄새를 없애는 용도로 사용하는 이외에도 커피 신맛을 부드럽게 하는 효과도 있습니다. 베이킹소다 가루를 살짝 뿌리기만 하면 됩니다. 신맛을 싫어하는 사람은 활용해 보세요.

잡학 4 베이킹소다로 간단히 소다수를 만들자!

차갑게 식힌 베이킹소다수에 레몬즙을 더하면 탄산이 발생합니다. 그대로 마시면 다이어트 효과도 있지만, 맛있게 마시려면 검 시럽(gum syrup)과 과일향 시럽을 첨가해서 드세요.